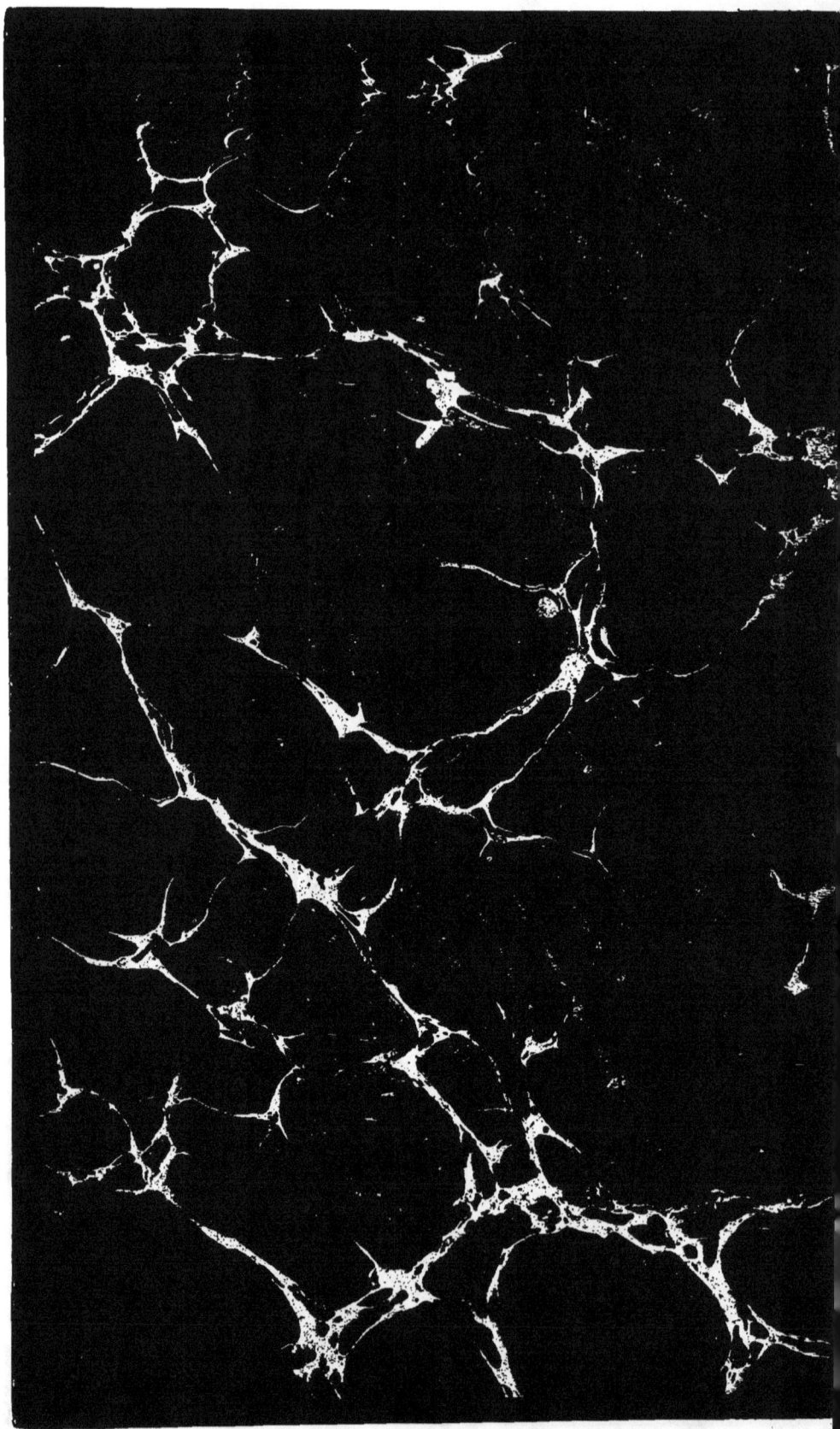

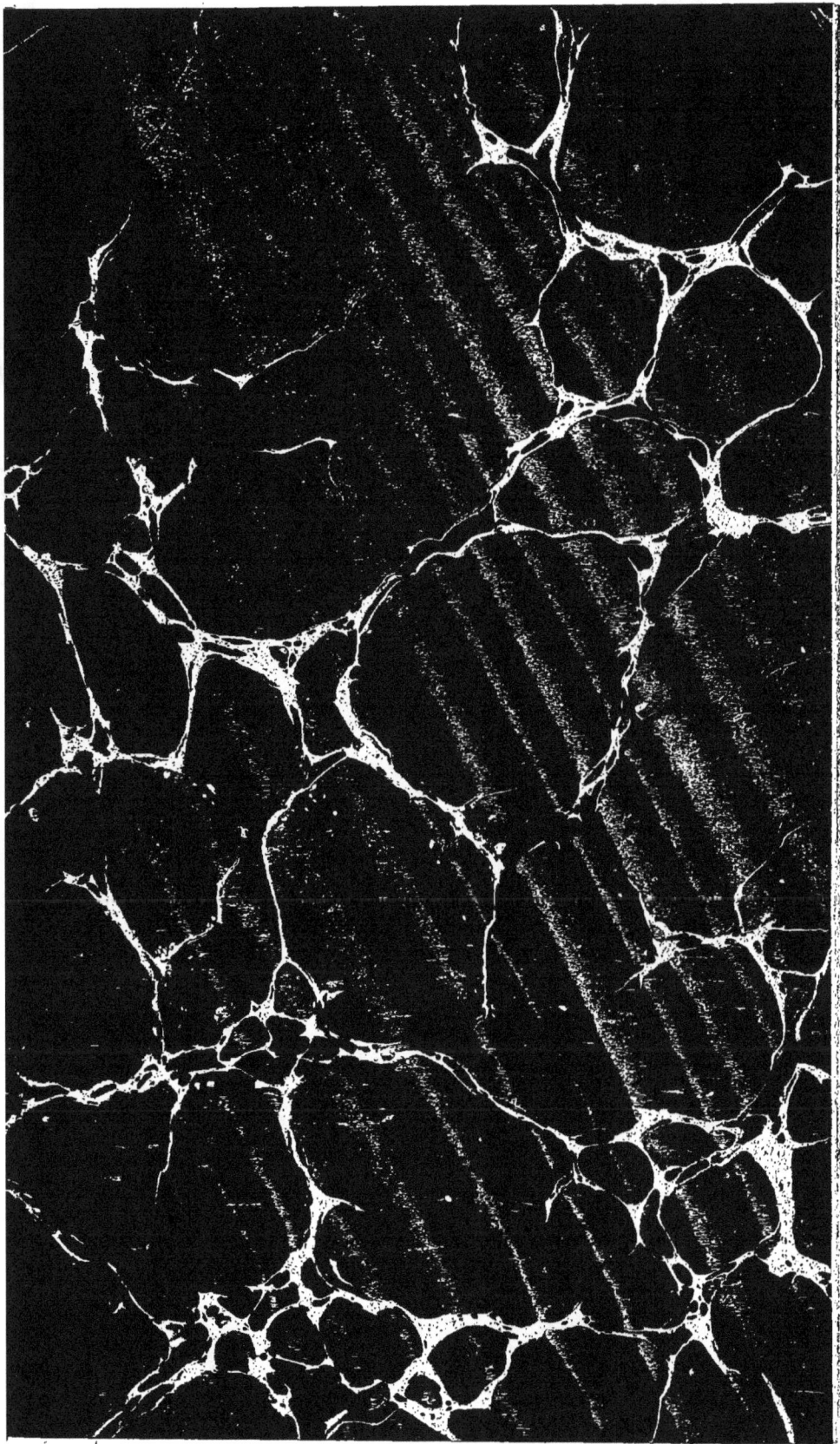

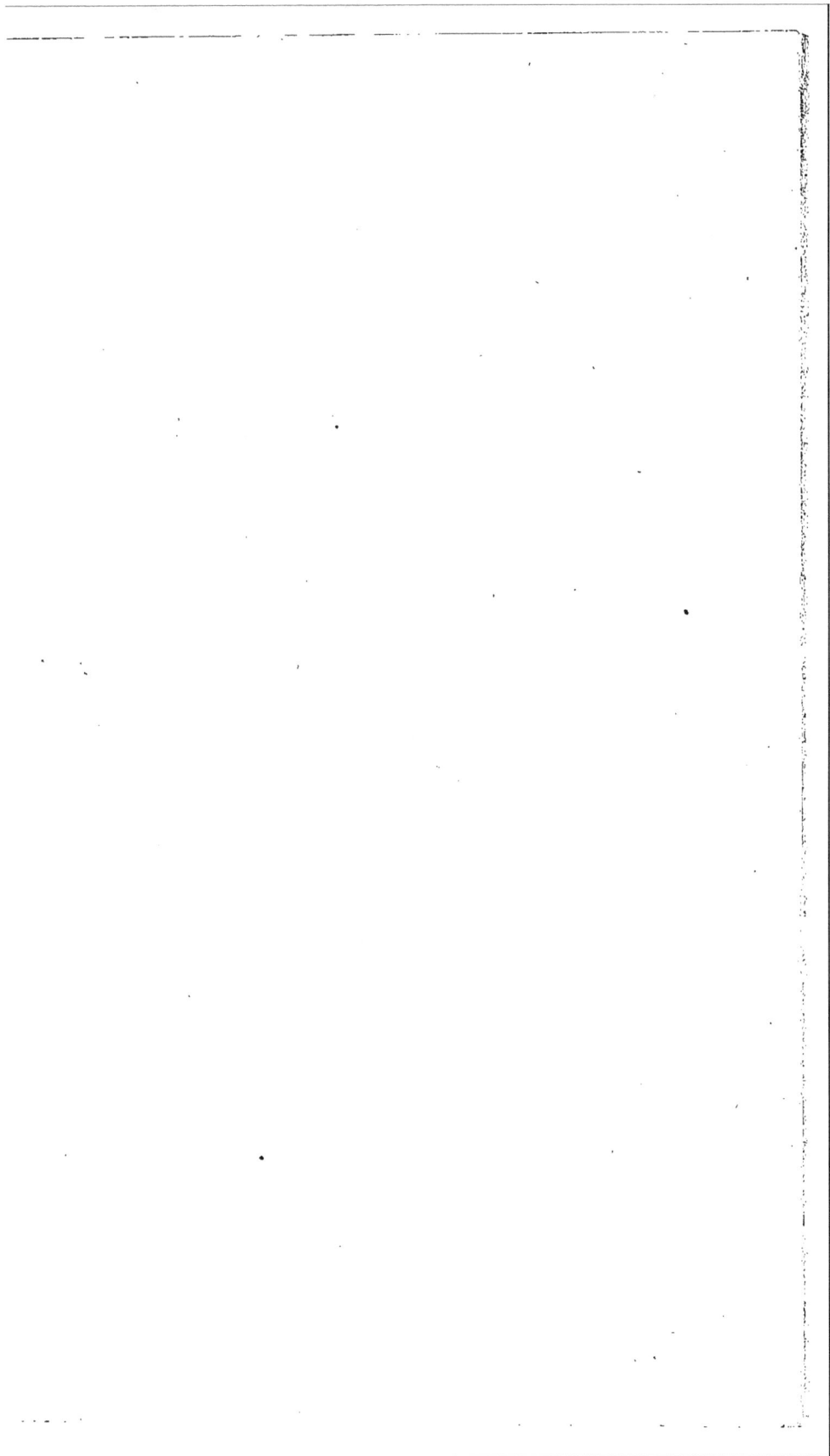

ÉBAUCHE

DU PLAN D'UN TRAITÉ COMPLET

DE PHYSIOLOGIE HUMAINE.

OUVRAGES DU MÊME AUTEUR :

1 Réflexions sur la Nécessité de la Physiologie dans l'Etude et l'Exercice de la Médecine, présentées à l'Ecole de Santé de Montpellier. Montpellier, An v, in-8°, de 68 pages;

2 Observations sur quelques points de l'Anatomie du Singe Vert, et Réflexions physiologiques sur le même sujet. Paris, 1804, in-8°, de 100 pages;

3 Traité des Hémorrhagies. Paris, 1808, in-8°, de x-403 pages;

4 Nouvelles Remarques sur les Hernies Abdominales (1811), in-8°, de 30 pages;

5 Conseils sur la Manière d'Etudier la Physiologie de l'Homme, adressés à MM. les Elèves de la Faculté de Médecine de Montpellier. Montpellier, 1813, in-8°, de 137 pages;

6 Exposition de la Doctrine de BARTHEZ et Mémoires sur la vie de ce Médecin. Montpellier, 1818, in-8°, de 484 pages;

7 Réponse à la Lettre de M. le Docteur CAZAINTRE, sur un cas de Transposition des Sens. Montpellier, 1827, in-8°, de 30 pages (Extr. des Ephémér. Médic. de Montp.);

8 Réflexions sur quelques points de la Théorie de la Vision. Montpellier, 1827, in-8°, de 37 pages (Idem);

9 Du Dialogisme Oral dans l'Enseignement Public de la Médecine. Montpellier, 1828, in-8°, de 76 pages (Idem);

10 Cours de Physiologie Philosophique, rédigé par le Dr KÜHNHOLTZ dans la Gaz. Médic. de Paris, an. 1830, nos 10, 12, 14, etc.;

11 Deux Leçons de Physiologie, faites en 1832, rédigées, d'après les notes manuelles de l'Auteur, par le Dr KÜHNHOLTZ (sur le Vitalisme) in-8°, de vj-37 pages;

12 Essai sur l'Iconologie-Médicale, ou sur les Rapports d'Utilité qui existent entre l'Art du Dessin et l'Etude de la Médecine. Montpellier, 1833, in-8°, de xvj-296 pages;

13 Douze Leçons de Physiologie sur les Fonctions privées du Système Musculaire chez l'Homme. Montpellier, 1835, in-8°, de 152 pages (Extr. du Journ. des Scienc. Médic. de Montp., publié par MM. ROUSSET et TRINQUIER, 1834);

14 De la Perpétuité de la Médecine, ou de l'Identité des Principes Fondamentaux de cette Science, depuis son établissement jusqu'à présent. Paris et Montpellier, 1837, in-8°, de 321 pages;

15 Première Leçon du Cours de Physiologie de 1838-39 : sur la Nécessité d'étudier les CAS RARES, pour le perfectionnement de la Science de la Nature-Humaine. Montpellier, 1840, in-8°, de 36 pages (Extr. du Journ. de la Soc. de Méd. Prat. de Montp.);

16 Sur la Philosophie-Médicale de Montpellier, à l'occasion de Fragments de Philosophie, de William HAMILTON; trad. par M. L. PEISSE. Montpellier, 1840, in-8° (Idem);

17 Première Leçon du Cours de Physiologie fait en 1840 : (Le vrai fondement de la Médecine est la Réunion de l'Anatomie et de la Métaphysique de l'Homme.) Montpellier, 1841, in-8°, de 27 pages (Idem).

MONTPELLIER, IMPRIMERIE DE J. MARTEL AÎNÉ.

ÉBAUCHE

DU PLAN D'UN TRAITÉ COMPLET

DE

PHYSIOLOGIE HUMAINE,

adressée à M. CAIZERGUES,

DOYEN DE LA FACULTÉ DE MÉDECINE DE MONTPELLIER,

PAR LE PROFESSEUR LORDAT.

MONTPELLIER,

Louis CASTEL , Libraire-Editeur, Grand'-Rue, 32.

PARIS,

J.-B. BAILLIÈRE , Libraire , rue de l'Ecole de Médecine ,
Nᵒ 13 *bis.* — 1841.

AVANT-PROPOS.

L'Ecrit que je publie n'aurait pas été composé, si je n'avais pas été forcé de resserrer dans quelques pages le Sommaire d'un Système d'Idées fort étendu. Mais, quoique les lignes incorrectes de ce Plan soient un impromptu de circonstance, la conception du Sujet ne l'est pas.

Depuis long-temps je suis préoccupé d'une intention, dont l'utilité m'encourage, dont la difficulté m'intimide, et dont l'ambition me fait rougir : c'est de faire voir la possibilité d'embrasser et de classer naturellement tous les Faits qui s'opèrent dans le cours de l'Existence Humaine, sans exception, sous les Principes Médicaux que l'Ecole de Montpellier enseigne sur les Forces dont l'Homme est animé.

Cette Ecole propage depuis long-temps

un grand nombre de Vérités Doctrinales,
exemptes de toute hypothèse, qui sont employées à ériger l'Art de guérir en une vraie
Science Pratique. Ces Propositions fondamentales ne sont pas tellement circonscrites
dans leur adaptation à la théorie des Maladies,
qu'elles ne puissent point avoir d'autre usage.
Elles sont assez complexes pour être susceptibles de transformations variées, et assez
fécondes pour fournir beaucoup sous l'influence de la culture. Pour avoir une idée
juste de cette Doctrine, il ne faut pas s'ima-
giner que son emploi est borné aux phénomènes pour lesquels elle a été primitivement
faite : nous nous servons non-seulement
des Propositions Originaires Explicites, mais
encore des Propositions Implicites qu'on en
peut déduire, et de celles que la Méthode
Philosophique établie par HIPPOCRATE a pu
nous suggérer.

En me servant de ces moyens, il m'a semblé
qu'il était possible de réunir en une *Science*

Continue de la Nature Humaine, ou en une *Physiologie de l'Homme*, telle que notre Chef la concevait, non-seulement les Faits Anthropologiques isolés, mais encore trois Sciences *abruptes*, l'Anatomie, la Psychologie, la Biologie, séparées mentalement par les causes expérimentales de leurs phénomènes, mais impérieusement liées par la considération d'un même sujet complexe d'où elles ont pris naissance.

Une circonstance accidentelle m'a obligé de présenter toute ma pensée dans une simple Lettre. M. CAIZERGUES, à qui j'ai dû l'adresser, a saisi parfaitement la nature, le but et l'utilité de cette Idée. Je ne prétends pas me prévaloir des éloges dont il l'a honorée, dans son *Rapport sur les Travaux de la Faculté de Médecine de Montpellier, pour l'année scolaire* 1840-1841 : mais en écartant de cette analyse oratoire, ce que la solennité du moment, les formes du genre académique, les convenances de la confraternité, avaient pu mettre dans ce jugement, je ne crois pas m'être abusé en regardant cette déclaration comme une approbation textuelle et publique.

Puisque mon Sommaire est, malgré sa concision, intelligible et appréciable, j'ose espérer que nos Elèves y trouveront les notions les plus fondamentales de la Doctrine qui doit leur être exposée plus tard. Je désire qu'ils puissent se familiariser d'avance avec les Principes, et avec l'Ordre suivant lequel je dois les disposer.

J'ai pensé qu'il pourrait servir de Prolégomènes Généraux applicables aux Cours annuels. En entreprenant un Cours, je ne puis pas me dispenser d'apprendre aux nouveau-venus quelles sont les Propositions Supérieures qui doivent lier les diverses parties de l'Ensemble. Ce Préliminaire est incommode : s'il est court, il est obscur ou insuffisant ; s'il est long, son étendue est aux dépens des Leçons du semestre.

Je voudrais bien que dans cet Opuscule les

différentes matières du Système Entier fussent réciproquement orientées, de telle sorte que le Sujet quelconque d'une Leçon se trouvât naturellement après celui de la précédente, et avant celui de la suivante.

Il m'a paru qu'une des choses les plus pénibles, dans l'Enseignement Académique d'une Science Naturelle, c'est l'obligation de lier les Sujets successifs. Si la chaîne est faite dans un Sommaire Raisonné, le Maître a plus de liberté, et partant plus de chaleur. Quelque éloignées que soient les matières de deux Leçons voisines, si l'Argument est régulier, et que la Science exposée soit *Unitaire* comme son Sujet, le Lecteur trouve dans sa mémoire les principes généraux qui les attachent ensemble.

Ce qu'il y a peut-être de plus urgent, c'est de préserver nos Elèves d'un préjugé vulgaire, qui consiste à considérer la Physiologie seulement comme la *Théorie Physique* des Fonctions de l'Etat de Santé, c'est-à-dire, la

détermination de la part que les parties anatomiques du Corps Vivant prennent à l'exécution de ces phénomènes, abstraction faite
de toutes les Causes autres que les Efficientes (BACON). D'après cette singulière erreur,
les personnes étrangères à la Science de
l'Homme se sont figuré que la Physiologie
était séparée et distincte de la Médecine;
qu'elle n'en était qu'un appendice arbitraire,
inventé plus pour l'ornement que pour l'utilité; que cette Superfétation, étant purement
spéculative, pouvait se donner carrière dans
la Philosophie.

Cette ridicule opinion est en opposition
avec le nom de la Science, et avec l'usage
qu'en voulait faire HIPPOCRATE son Instituteur.
La Physiologie, chez les Médecins, est la
Science de la Nature Humaine; c'est l'Anthropologie dans toute son étendue. C'est la Philosophie de toutes les Causes *Efficientes et
Contingentes* qui composent l'Homme. C'est
l'Art mental de convertir les pratiques empi-

riques, ou le Métier Médical, en une vraie
Science. Elle n'est pas un embellissement de
la Médecine, elle en est le Principe Vivifiant.
La rigueur de sa Méthode Philosophique est
proportionnée aux plus grands de nos intérêts
terrestres, à ceux de la Vie et de la Santé.
Son étendue n'a pas d'autres limites que celles
de la Nature Humaine. Il n'y a pas un Fait
dans l'Homme, dont elle ne cherche à connaître la *Raison Suffisante* et les *Effets*. Cette
inquisition scrupuleuse n'est pas son droit ;
c'est son devoir. La Physiologie sera sans
reproche, seulement quand tout Phénomène
Anthropique pourra lui dire : *Quò ibo à Spiritu
tuo, et quò à Facie tuâ fugiam* (1) ?

Tels sont les motifs principaux qui me
décident à mettre au jour cette délinéation
extemporanée. Il en est un autre que je ne
dois pas cacher. Cette Lettre est une Circulaire
que j'adresse à tous ceux qui ont pour moi

---

(1) *Psalm.* 138, 6.

quelque bienveillance, afin qu'ils me fassent apercevoir d'avance les fautes essentielles que je puis avoir commises, et dans l'esquisse actuelle, et dans l'exposition future. Je leur dirai ce qu'un illustre Ancien écrivait à un ami très-éclairé : Je désirerais que vous voulussiez corriger les fautes que vous aurez aperçues, avant une publication solennelle, où il n'est plus possible d'anéantir ce dont on peut rougir ensuite. J'aime bien mieux connaître dès ce moment mes imperfections, que de risquer de vous voir louer, pour me consoler, ce que les autres blâmeraient avec raison (1).

---

(1) Saint AMBROISE, envoyant un de ses livres à SABINUS, Evêque de Lodi, lui dit dans la Lettre d'envoi : *Malo enim tuo corrigatur judicio, si quid movet, priusquàm foràs prodeat, undè jam revocandi facultas non sit, quàm laudari à te quod ab aliis reprehendatur.*

✠✠✠✠✠✠✠✠✠✠✠✠✠✠✠✠✠✠✠✠✠✠✠✠✠✠✠✠✠✠✠✠✠✠

ÉBAUCHE

DU PLAN D'UN TRAITÉ COMPLET

DE

PHYSIOLOGIE HUMAINE,

adressée à M. CAIZERGUES,

Doyen de la Faculté de Médecine de Montpellier.

⊶✦❊○❊✦⊷

Monsieur le Doyen,

Dans la Lettre dont vous m'avez honoré le 6 septembre 1840, vous m'invitez à vous donner promptement un Aperçu du Cours que j'ai fait, l'année dernière, en ma qualité de

Professeur de Physiologie, et de celui que je dois faire l'année prochaine. Je vais tâcher de remplir ce devoir avec autant de célérité que je le pourrai.

En entreprenant la suite des Leçons de l'an passé, j'avais l'intention de contracter toute la Physiologie-Humaine dans l'espace le plus resserré. C'est un essai que je faisais pour la première fois; je voulais que, dans l'étendue de deux semestres, nos Elèves pussent entendre toutes les vérités essentielles de la Science de la Nature Humaine, en tant qu'elle s'applique à l'Art Médical. D'après cela je me proposais de lier assez étroitement les propositions les plus importantes, pour que ce travail pût constituer une Exposition Didactique de la Doctrine Médicale de l'Ecole de Montpellier. En disposant les matériaux de ce Cours, je souhaitais qu'il ne fût pas trop indigne de l'impression. Comme la Physiologie de l'Homme renferme toute la Philosophie Médicale, je pensais que cette publication servirait de souvenir pour ceux qui nous ont entendu, et d'Eléments succincts tant pour ceux qui ne connaissent point notre

Anthropologie, que pour ceux qui la connaissent mal.

L'ensemble du Cours dernier et du prochain est une troisième réduction d'un grand Traité de Physiologie qui m'avait occupé pendant plusieurs années. L'Aperçu que vous me demandez, MONSIEUR, sera donc un quatrième amoindrissement de ses proportions. Je n'ose lui donner d'autre nom que celui d'*Ebauche d'un Plan*. Comme à chacune des opérations antérieures, il a fallu sacrifier successivement les objets de détail pour laisser les principaux en relief ; je me trouve obligé d'omettre un grand nombre de choses qui étaient néanmoins nécessaires pour lier les grandes masses. Je suis donc forcé de vous présenter un croquis informe et rapide d'une ample composition. Je serais trop heureux si vous pouviez y reconnaître l'étendue du sujet, la disposition des principales parties, l'esprit qui les rassemble et les coordonne, enfin la conclusion que j'avais l'intention d'en déduire.

Le défaut d'harmonie que j'aperçois dans cette esquisse, vient de ce que je souhaiterais de mettre en saillie quelques idées qui me

paraissent importantes. Elles y forment de
véritables pochades. J'ignore si ce fond pourra
me faire pardonner le vice de la forme.

J'aurais voulu tout mettre dans ces légers
délinéaments ; mais je me console, par cette
réflexion d'un auteur judicieux : « Le veneur
» est loué pour chasser et pour prendre, mais
» il n'est pas blâmé pour n'avoir pas tout pris.
» Il faut céder quelque chose au jugement,
» à la curiosité et à la diligence des autres ;
» celui-là n'enseigne pas bien qui enseigne
» tout (1). »

Voici la forme que j'ai donnée à cette
Exposition.

J'ai bien distingué l'Histoire Naturelle de
l'Homme, d'avec la Physiologie de cet Etre.
La première, qui a pour but de fixer la place
de l'homme dans l'univers, et d'empêcher
qu'il ne soit jamais confondu avec les êtres
qui ont quelque ressemblance avec lui, diffère essentiellement de la seconde, dont
l'objet formel est de nous faire connaître
assez la nature intime de l'homme pour que
de cette connaissance découle naturellement

---

(1) *Pierre* MATTHIEU, Préf. de l'Histoire de Louis XI.

la théorie de tous les phénomènes qui s'opèrent en lui, à dater de sa formation jusqu'après sa mort.

Depuis bien des années, les classifications des espèces animales sont fondées, non-seulement sur les formes, mais encore sur les fonctions les plus évidentes et sur l'Anatomie. Il s'ensuit que la connaissance de l'Histoire Naturelle de l'Homme suppose celle de quelques faits et de quelques théories qui font partie de l'Anthropologie. C'est ce qui peut expliquer la persuasion où sont quelques gens du monde, que *la Physiologie est une partie accessoire de la Médecine*. Mais les hommes de l'Art savent bien que ces notions superficielles ne constituent pas la vraie Physiologie; ils savent que cette science, qui est la Science de la Nature Humaine, composée des propositions les plus élevées, est la substance médullaire de la Médecine.

J'ai fait voir que l'Histoire Naturelle de l'Homme est une Doctrine essentiellement *isagogique* (1) ou introductive, nécessaire

_____

(1) De Ἐισαγωγὴ, *introduction, premiers principes d'une science*. — AULU-GELLE, qui s'est servi de ce mot, l'a écrit en grec.

pour ceux qui doivent se livrer à l'étude de notre Art (1). Entre les motifs de cette assertion se trouve celui-ci : l'indication rapide et bien faite des principaux faits anthropiques, normaux et pathologiques, doit faire sentir aux Commençants combien doit être grave, profonde, difficile, une théorie capable d'expliquer des phénomènes si nombreux et si variés. Si cette étude avait été de bonne heure plus favorisée, les Spéculatifs n'auraient pas si bien trouvé leur compte au débit de leurs Systèmes Hypothétiques.

Mais, en développant l'importance de l'Histoire Naturelle de l'Homme, je n'ai pas pu me dispenser de faire sentir combien il serait à désirer que certains traités de ce genre fussent soumis à la critique de Médecins éclairés, capables d'en exclure les préjugés et les opinions hasardées qui y fourmillent ; d'exercer les jeunes gens à la *pratique* men-

---

(1) Cette connaissance vraiment préliminaire mérite le nom de *Mammotrepton* (de Μαμμοθρεπτος, *élevé par la nourrice*) inventé par MARCHESINI pour désigner les Traités préparatoires. Cet Auteur considérait ces sortes d'écrits comme la source de l'aliment le plus convenable aux enfants, qui seront désormais d'autant plus forts qu'ils auront mieux sucé la mamelle.

tale de la Philosophie Naturelle ; et d'insinuer dans leur esprit une tendance habituelle à se détacher des hypothèses, à n'admettre d'autres propositions doctrinales que des faits généraux, expérimentalement reconnus et vérifiés. Cette tendance intellectuelle est l'âme de la Métaphysique Médicale.

Il est si fréquent de voir des personnes imbues d'opinions erronées touchant l'objet formel de la Physiologie-Humaine, que j'ai cru devoir en bien déterminer l'essence, et en faire comprendre l'importance et l'esprit.

Sans la connaissance de la Nature de l'Homme, la Médecine n'est point une science. Pour que la Physiologie vivifie la Médecine-Pratique, elle doit être certaine : or, pour être vraie, il faut que les propositions fondamentales soient purement inductives, purgées de toute supposition. Quant aux services qu'elle peut rendre, ils sont plus étendus que ceux qu'on lui avait originairement demandés. On ne pensait d'abord qu'à ériger la Médecine-Pratique en Science. Mais à mesure que l'Anatomie et l'intelligence du Dynamisme Humain se sont agrandies et sont devenues plus populaires, la Société est devenue plus exigeante à l'égard des Médecins. On a voulu qu'ils dirigeassent le Législateur, le Juge et l'Administration, dans les réglements relatifs aux personnes et dans leur application, et il a fallu instituer une Médecine-Légale. On attend d'eux qu'ils répondent sur des problèmes de la plus haute importance : sur la manière de rendre plus facile l'exercice de la vertu et de fortifier le sens intime contre le vice ; sur les questions fondamentales relatives à la nature de l'âme humaine ; sur la science des causes finales ; sur la vraie théorie des Beaux-Arts, etc.

La Physiologie *inductive*, qui est la seule assez certaine pour que la Médecine doive s'en pénétrer, n'est point en état de fonder une Morale Evective (1), ni une Morale Préservative ou Corrective, ni une Psychologie Rationnelle, ni une Téléologie (2), ni une Æsthétique (3) complète. Mais quoique retenue dans une sphère étroite, elle peut fournir

---

(1) Une Morale qui porte l'âme aux vertus les plus élevées, à des efforts sublimes.
(2) Voyez Sigaud De la Fond, *Dictionnaire de Physique*, tom. iv, pag. 334.
(3) Art de sentir et de juger (Gattel).

sur tous ces objets des faits , des déductions, des préceptes d'une grande utilité. Son sujet est d'une étendue circonscrite ; mais on doit se souvenir que par sa complexité il a mérité le nom de *Petit Monde ;* et quoique le tribut de notre Physiologie soit très-modique , j'ose croire que les Savants qui s'occupent du *Grand Monde* ne dédaigneront point ce tribut, en songeant à son aloi et à la mine d'où sa matière provient.

Puisque l'objet formel de la Physiologie est de déterminer la Nature de l'Homme, et de se servir de cette connaissance pour faire la théorie de tous les phénomènes qui se passent pendant toute la durée de cet être , j'ai pu partager cette science en Deux Grandes Divisions , dont la Première est la réunion de toutes nos connaissances sur la Constitution de l'Homme ; et dont la Seconde renferme l'explication de toutes les Fonctions Normales et Pathologiques qui ont lieu dans cet Agrégat, depuis le commencement de son existence jusqu'après sa destruction complète (1).

_____

(1) La première de ces parties peut porter le nom de *Diataxéologie* (de Διάταξις, *constitution*), et la seconde celui de *Chreïologie* (de Χρεία, *usage, utilité,* et Λόγος, *discours*).

Le premier soin, dans la Doctrine de la Constitution de l'Homme, a été de chercher à déterminer les éléments qui le composent. Il en est de deux ordres : les uns accessibles à nos sens; les autres cachés, qui ne se manifestent que par leurs effets.

I. Les éléments visibles constituent l'*Agrégat Matériel*, ou le *Mécanisme*, qui est le même pendant la vie et après la mort, et que nous étudions par l'Anatomie. C'est là proprement le Système *Organique*, ou la disposition des instruments dont l'Agrégat Matériel est composé. Mais je n'ose plus me servir des mots *organique*, *organisation*, *organisme*, parce que le sens en est devenu très-équivoque, à cause d'une *synecdoque* abusive que l'inadvertance a introduite, que l'insouciance conserve même dans la Science, et que la fraude favorise et soutient. L'Organisation n'est proprement que l'instrumentation, abstraction faite de l'idée des Agents qui s'en servent. Comme ordinairement les organes sont accompagnés de ces Agents, on a cru pouvoir désigner un animal vivant par le mot de *corps organisé*. On a désigné le tout par une partie, comme les hommes sont comptés *tant par tête*, et comme la population est appréciée par le nombre *des âmes*. Ce langage considéré sous le rapport grammatical, ou sous le rapport æsthétique, est sans danger; mais sous le rapport scientifique il est vicieux, puisqu'il exprime une fausseté. Il laisse croire que les instruments dont le corps de l'homme est composé, sont en même temps leurs agents; que *organes* et *vie* sont inséparables. C'est le préjugé que cherchent à répandre contre l'observation les Matérialistes de toutes les communions, Epicuriens, Organiciens, Mécaniciens, etc. Pour éviter cette erreur autant que je le puis, j'appelle *instrumentation*, *mécanisme*, *agrégat matériel*, ce que j'aurais désiré pouvoir nommer *organisation*, si l'on n'avait pas indignement abusé de cette dénomination.

Je n'ai rien négligé pour engager nos Disciples à l'étude de l'Anatomie, sans en exagérer l'utilité dans tous les cas, et sans lui supposer une fécondité qu'elle n'a pas. J'ai désiré qu'on étudiât le corps humain sous les trois points de vue signalés de bonne heure: comme système d'instruments, comme parties similaires, comme agrégat doué d'une crâse (1) spéciale ; ou pour parler un langage plus moderne, mais non plus exact, j'ai recommandé l'Anatomie Descriptive, l'Anatomie Générale, la Constitution Chimique de l'Homme. Je ne me suis pas contenté de l'exploration immédiate des sens, j'ai fait sentir l'importance de l'emploi des adminicules que la Physique et la Chimie nous ont fournis de notre temps.

Je n'ai pas voulu que nos Antagonistes eussent le droit de nous faire le reproche que HALLER faisait à STAHL et à son Ecole, celui de ne point étudier l'Anatomie subtile. Quoique le résultat de nos recherches ne nous ait pas beaucoup avancés dans la Médecine-Pratique, ni dans la solution des problèmes que la Société nous propose, nous avons néanmoins un avantage sur les Stahliens : c'est que nous pouvons soutenir par la démonstration ce qu'ils avançaient par prévention. Nous sommes à deux de jeu avec les Physiologistes qui attendent tout de l'Anatomie. Nous connaissons aussi bien qu'eux l'Agrégat Matériel, et nous le considérons tour à tour comme un navire muni de ses agrès ; comme un

(1) De Κρᾶσις, *mélange.*

cabinet de machines aisées à démonter et à remonter, méthodiquement disposées ; comme une fabrique où sont réunis divers laboratoires ; comme un théâtre susceptible d'une topographie compliquée ; comme une réunion de mixtes très-variés par leurs combinaisons et par leur consistance, susceptibles d'analyses chimiques, etc. Mais nous pouvons les défier de nous présenter une circonstance anatomique d'où découle infailliblement la vie et l'intelligence. Les Stahliens n'ont pas eu tort de ne pas compter sur l'Anatomie pour trouver les causes actives des phénomènes vitaux et psychologiques ; mais puisque des adversaires laissent croire au public que leur science renfermait des secrets inconnus à ceux qui avaient dédaigné les dissections, les Animistes étaient impardonnables de n'être pas pairs avec leurs ennemis. Les motifs de leur négligence formaient une sorte de ces sophismes *paresseux* que CICÉRON (1) et d'autres Philosophes ont réfutés. J'ai désiré que nos Elèves ne tombassent point dans cette faute.

---

(1) *De Fato*, § XII *et seq.* : se prétendre autorisé à rester dans l'inaction, parce qu'on croit tout effort ou impuissant, ou inutile, ou superflu.

Après avoir montré la part que le Mécanisme a dans la production des phénomènes anthropiques, et fait voir que les forces physiques et chimiques dont il est doué sont incapables d'engendrer les principes d'action qui opèrent ces phénomènes, nous procédons à la recherche de deux autres éléments dont notre intelligence affirme l'existence, et dont elle peut caractériser les manières d'agir, au moyen de l'observation. Ces deux éléments sont : 1° le Principe du Sens Intime, 2° la Force Vitale. N'étant pas encore en état d'en déterminer la nature, nous nous bornons à les considérer comme Puissances, en attendant que l'analyse de leurs Facultés puisse nous apprendre, ou ce que sont leurs *substrata* (1) respectifs, ou du moins ce qu'ils ne sont pas.

II. Notre manière d'étudier le Dynamisme Humain n'est pas comprise par tout le monde. Pour s'en servir, il faut exercer une opération mentale qui n'est pas commune, c'est-à-dire, penser long-temps à des causes expérimentales sans avoir aucune opinion sur leur nature

(1) *De* substratum, *ce sur quoi repose une chose.*

concrète. Les anciens Sceptiques ont professé une ignorance complète sur les natures cachées des phénomènes, et ils les ont considérées comme non avenues. HIPPOCRATE et toute son Ecole ont appris à garder le même Scepticisme sur la Nature de ces Causes Expérimentales, mais ils ont su les soumettre aux règles d'une Logique sévère. L'Art de philosopher sur des choses abstraites, sans permettre l'entrée d'aucune supposition, mérite une attention spéciale de la part des Disciples, et cela nous oblige à les aider dans l'examen critique de quelques Systèmes Médicaux Hypothétiques.

Concentrés dans l'interprétation des faits anthropiques, sujets essentiels de la Médecine, nous n'empruntons ni les faits, ni les déductions qui existent hors de cette sphère. Nous pourrions aller plus loin que nous ne le faisons, touchant les caractères des Deux Parties du Dynamisme Humain; mais nous évitons tous les points susceptibles de contestation. Quand il s'agit d'une science aussi grave, il faut éloigner les questions trop obscures, à l'occasion desquelles les Ennemis aimeraient à établir une guerre interminable, pour faire croire que le reste de la Physiologie n'est pas plus certain. Nous voulons que nos propositions fondamentales soient à l'abri de toute controverse raisonnable, afin que nous puissions être convaincus que ceux qui les rejettent, les condamnent sans les connaître.

Nous ne sommes point chargés de propager des croyances, mais bien d'exposer la Science. Ce n'est point pour l'étude de nos Doctrines Profanes qu'il a été dit : *Credimus ut cognoscamus, non cognoscimus ut credamus* (1). Nous sommes obligés de répéter souvent : Ne faites des propositions doctrinales qu'en tant qu'elles reposent sur les faits que vous connaissez. Notre Didactique est toujours soutenue par les faits, et nos syllogismes sont de vrais épichérèmes. Puisque Dieu a mis les Sciences Naturelles à la *disposition du Monde,* nous avons dû penser que les vérités terrestres devaient être enseignées à tous les hommes sans distinction, même à ceux que la Grâce Divine n'a pas encore touchés ; car, *credere*

---

(1) Saint Augustin, cité dans un Canon du Concile de Lavaur, 1368.

*vel non credere non est in arbitrio voluntatis
humanæ; sed in electis præparatur voluntas à
Domino* (1).

Aussi, quoique parmi nos Antagonistes il
y en ait qui haïssent jusqu'au fanatisme toutes
les idées qui peuvent rappeler la spiritualité
de notre Sens Intime, nous nous piquons de
bien vivre avec eux. Nous sommes persuadés
que nos relations scientifiques doivent être
réglées par les lois de l'Urbanité, comme les
relations sociales le sont par celles de l'Humanité. Or, quand nous sommes obligés de
vivre avec des Hydrophobes, ce serait un
acte de cruauté que de parler en leur présence d'eau et de vent, puisque nous pourrions produire en eux de la douleur et du
délire.

Dans cette étude, toute décomposition
anatomique du Système est étrangère à ses
procédés : ce que nous cherchons ne peut se
trouver que dans l'Entier. Ainsi, la méthode
d'exploration du Dynamisme n'a rien de
commun avec celle de l'Anatomie; et si dans

(1) D. Augustin. *De prædestinatione Sanctorum, cap.* v.

B

nos travaux on entend parler d'analyses, on
doit savoir qu'il s'agit d'analyses mentales.

1° La Doctrine Médicale du Sens Intime
est la *Psychologie Empirique* (1), ou l'Analyse
des Facultés de Conscience, indépendante de
la *Psychologie Rationnelle*, ou Doctrine de la
Cause Essentielle de ces Facultés, dont les
bases ne sont peut-être pas suffisantes dans
les faits médicaux.

Comme il nous importe plus d'assigner ses
Facultés que de poursuivre le développement
de ses opérations, nous nous bornons à
signaler et à distinguer dans cette Puissance
tous les modes d'être actifs, passifs, affectifs,
indifférents, que l'intuition a pu nous y faire
reconnaître, et à formuler ces faits avec exac-
titude. Je n'ai pas craint de multiplier les
Facultés de cette Puissance ; et quoique je me
sois tenu bien en deçà du catalogue de GALL,
je me suis étendu bien au-delà des limites de
CONDILLAC et de DESTUT-TRACY. Seize modes
d'être m'ont paru pouvoir et devoir être dis-
tingués, pour bien caractériser le Sens Intime
de l'Homme.

(1) *Vid.* CHRISTIAN WOLFF. *Psychologia empirica. Veronæ*
1756, in.-4°.

Voici la liste des Facultés dont la méditation m'a paru la plus utile pour la Physiologie Médicale :

1° L'*Unité*, qui est le sentiment de ne pas être multiple, et de répugner à l'idée de division.

2° L'*Egoïsme;* j'emploie cette dénomination pour exprimer le sentiment d'être *Moi*, à l'exclusion de tout le reste de l'Univers qui est *Non-Moi*.

3° La *Personnalité*, qui met le Sens Intime dans l'impossibilité de se fondre en un autre.

4° La *Sensibilité*, où il faut distinguer l'Intuition ou Conscience de Soi, et la Conscience de l'impression d'une chose qui appartient au *Non-Moi*.

5° La Force de *Conception*, c'est-à-dire, la Faculté de convertir une sensation en une idée qui reste dans le Sens Intime, soit actuellement, soit virtuellement, avec pouvoir de la rendre présente, pouvoir qui est la *Mémoire*.

6° La Force de *Réaction*, ou l'aptitude à répondre à une sensation par une action consécutive, c'est-à-dire, par des mouvements opérés dans le Système où le Sens Intime habite.

7° L'*Activité Interne*, c'est-à-dire, le pouvoir d'agir par des motifs internes sans aucune provocation de la part des impressions. Il faut remarquer l'aptitude qu'a le Sens Intime à montrer des degrés variés de cette activité, soit par la volonté, soit par les affections dont il est pénétré. Il sera utile d'expliquer le passage du mot de Buffon : *J'ai senti que je pouvais cesser d'être* (1).

8° La *Liberté* et la *Volonté*, ou le pouvoir qu'a le Sens Intime de gouverner arbitrairement ses idées, et de les exprimer par des mouvements dans l'Agrégat Matériel.

9° L'*Affectibilité*, ou la susceptibilité de sentiments de volupté, de plaisir, de douleur, de peine, de désir, de répugnance, etc., et le pouvoir de les manifester par des changements dans le Système.

10° La *Raison Directrice*, ou l'Entendement; non-seulement la Faculté de comparer, de juger, d'abstraire, de raisonner, de penser en général, mais encore de mettre une harmonie entre la réalité des choses et des idées du

---

(1) Dans le fameux récit que le Premier Homme est censé faire au moment où il sent son existence.

Sens Intime, et d'en conclure ce qu'il convient de faire suivant un motif arrêté.

11° La *Philautie* (1), ou la propension à travailler pour la conservation du Système et pour les jouissances du Sens Intime. Une exaltation vicieuse de cette Faculté, qui va jusqu'à gêner l'exercice de la Raison Directrice, est ce que l'on nomme la *Concupiscence*.

12° L'*Aptitude Créatrice*; le pouvoir d'inventer des idées fictives aussi distinctes que peuvent être celles qui résultent de véritables sensations. Cette Faculté est encore exprimée par les mots *Imagination, Talent Poétique*.

13° La *Croyance*, Faculté d'adhérer à une idée que le Sens Intime ne s'était appropriée ni par la sensation suivie d'un acte de conception, ni par une suite de raisonnements, mais par une sorte de confiance.

14° Le *Caractère*, la proportion actuelle des Facultés et des penchants qui spécifient l'individu. L'Excentricité ou la Bizarrerie est une spécialisation plus étroite du Caractère.

15° La *Susceptibilité d'éprouver des phases*, c'est-à-dire, l'aptitude qu'a le Sens Intime,

---

(1) De Φιλος, *ami*, et Αυτός, *soi-même*.

sans cesser d'être lui-même, à changer de modifications dans le cours de sa durée, de manière à pouvoir être le sujet d'une Histoire Chronologique.

16° L'*Habitude*, c'est-à-dire, l'aptitude qu'a le Sens Intime à être modifié profondément d'une manière durable, par la répétition de ses actes, de ses sensations, de ses affections, etc.

Le développement de ces faits, qui sont incontestables, et que nous avons choisis entre beaucoup d'autres pour servir à l'étude suivante, peut nous donner une idée provisoirement suffisante de la forme du Sens Intime Humain.

III. 2° La Doctrine de la Force Vitale est la *Biologie*. Pour acquérir une idée de la Vie aussi exacte et aussi complète qu'il est possible, nous avons pensé qu'il était bon de l'étudier dans tous les êtres vivants.

La Vie, phénomène prodigieusement complexe partout où il a été observé, la Vie nous est inconnue dans son essence. Nous connaissons un grand nombre de causes conditionnelles sans lesquelles elle doit cesser, et même sans lesquelles elle ne peut pas se produire ; mais nous ne savons pas quelles sont les causes génératrices avec lesquelles la Vie doit paraître nécessairement, infailliblement ; avec lesquelles elle ne peut pas ne pas se former.

La Secte Matérialiste est intéressée à soutenir la génération spontanée. Si on l'écoute, des molécules brutes, physiquement et chimiquement combinées, peuvent former des agrégats vivants. Des partisans de cette opinion rapportent des observations et des expériences qui la favorisent. Mais M. TIEDEMANN, qui n'est pas suspect sur cette matière, n'a pas voulu admettre la génération spontanée, et il n'a cité les faits qui la soutiennent qu'avec une sorte d'ironie. M. CUVIER l'avait rejetée(1).

Le plus grand argument des Organiciens est la formation des Entozoaires, des Etres vivants dans l'intérieur de l'homme et des

---

(1) Voy. *Leçons d'Anatomie Comparée*, Ire Leç., Art. I, p 7. « Le mouvement propre aux corps vivants a donc »réellement son origine dans celui de leurs parents ; c'est »d'eux qu'ils ont reçu l'impulsion vitale, et il est évident »d'après cela, que, dans l'état actuel des choses, la Vie »ne naît que de la Vie, et qu'il n'en existe d'autre que »celle qui a été transmise de corps vivants en corps »vivants par une succession non interrompue. »

animaux, par exemple les Vers, les Hydatides, les Poux, etc. Ils ne voient pas que les Entozoaires ont été formés par les corps vivants; que ces animaux proviennent donc de l'ordre vital; que chaque espèce originelle et normale est douée d'une Faculté Morbide, nommée par les Grecs *Zoopoïétique*, dont les productions diffèrent selon les espèces. En suivant cette idée, la génération des vers dans les corps réputés morts ne paraît être qu'un des derniers phénomènes *catalytiques* (1) de la Force Vitale, comme on le verra plus tard.

D'après cela, nous devons convenir que la production du Dynamisme des Etres Vivants est étrangère à nos conceptions; la réalité du commencement de ce pouvoir, sa continuité, sa cessation sont des faits incontestables: tout ce que nous pouvons en connaître, ce sont les conditions de sa conservation, et les lois de sa durée, de sa naissance et de sa terminaison.

Les lois vitales recueillies dans les divers Etres peuvent être divisées en celles qui sont

---

(1) De Καταλυτης, *destructeur*. Le mot *Catalytique* a été employé par M. Berzélius.

générales, ou qui existent dans tous les Etres
vivants, et en celles qui existent seulement
dans certaines espèces. L'ensemble des premières constitue la Zoonomie. Les lois bor-
nées à une ou à plusieurs espèces forment la
Biologie Comparée.

Les lois vitales ont de la ressemblance avec
les lois sociales. Les lois zoonomiques sont
comme nos lois naturelles. Les lois positives
de diverses nations (lois ethniques) peuvent
être assimilées aux lois de la Physiologie
Comparée. Celles-ci pourraient avoir une
utilité pareille à celle de l'*Esprit des Lois*, si
nous avions en Zoologie un Montesquieu.
M. Burdach pourrait avoir quelques-unes
des idées désirables, s'il voulait concentrer
un peu plus ses idées, s'il avait moins de
goût pour l'hypothèse, s'il ne fondait pas la
Science sur un arbitraire et oisif Spinosisme
qui n'a rien à faire ici, et s'il ne trompait pas
son Lecteur en appelant cette Philosophie une
Science d'Observation.

Quoi qu'il en soit, quelque intérêt que le
Législateur trouve dans le Droit Naturel et
dans le Droit Public, il sent que rien ne le
dispense d'étudier surtout et avec la plus

grande attention le Code de son pays : de même le Médecin, dont la grande affaire est la connaissance de l'Homme, se livre avec conscience à l'étude des lois de la Nature Humaine, et il n'a de confiance pour les lois tirées des autres êtres vivants, qu'en tant qu'elles font partie de la Zoonomie. La nécessité de l'étude des lois physiologiques spéciales de l'homme, et la subordination très-éloignée de celles des animaux, est chez nous un principe sévère.

En nous appliquant à l'examen de la Force Vitale, non par l'intuition qui ne s'étend pas jusque là, mais seulement par l'observation des effets de cette cause, nous n'avons pas pu méconnaître une ressemblance frappante entre ces modes d'être et ceux de notre Sens Intime. La plus grande différence de ces deux Puissances consiste en ce que l'une a conscience d'elle, et que l'autre est automatique ou instinctive. Mais après avoir reconnu leur dualité, il est nécessaire de les comparer. L'analyse des deux Forces parallèlement constatée, m'a fait apercevoir seize rapports qui éclaircissent réciproquement les deux termes de la comparaison. Il importe seulement que dans ce parallèle on respecte les limites des ressemblances partielles, et qu'on n'ait pas un désir caché d'identifier les causes.

Avec ces restrictions, je ne crains pas de faire voir à nos Elèves un rapprochement utile entre les Facultés mentionnées du Sens Intime, et celles que je vais indiquer dans la Force Vitale.

1° L'*Unité*, comme l'entendait HIPPOCRATE, *Consensus Unus*, c'est-à-dire, une correspondance de chaque point à l'Entier, et réciproquement. C'est encore ce fait qu'il exprime en disant que l'Agrégat Vivant est comme un cercle où il est impossible de trouver un commencement et une fin. Mais cette Unité *indivise* n'est pas *indivisible*.

2° L'*Egoïsme*, c'est-à-dire, une limite vitale entre l'ensemble de l'Agrégat Vivant et le reste de l'univers. L'idée que nous avons du défaut de rapport entre un corps étranger et notre Système, nous fait mieux sentir ce qu'est l'*Egoïsme* Vital.

3° Le principe d'une *Personnalité* Vitale qui fait que deux individus vivants ne peuvent pas se pénétrer assez pour se fondre en un. Cette aptitude est loin d'être aussi absolue

que celle du Sens Intime. La Personnalité
Vitale, par exemple, est susceptible de greffe,
de pénétration jusqu'à un certain degré. Mais
la différence nous fournit l'occasion de présenter ici un grand nombre de faits inté-
ressants : par exemple, les monstruosités
doubles (1).

4° La *Susceptibilité*, que les Anciens ont
appelée *sentire vitaliter*.

5° La Force de *Conception ;* le pouvoir, en
conséquence d'une susception, de se pénétrer d'une modification interne, profonde,
durable, et d'être capable de la manifester
loin du lieu de l'impression. Ce qui diffère
beaucoup de la Faculté suivante.

6° La Force de *Réaction ;* c'est ce que quelques-uns appellent l'*Irritabilité*, mot plus
étendu que celui qu'employait HALLER ; l'aptitude qu'a tout être vivant d'opérer dans le
Système un mouvement ou un autre changement passager, en conséquence d'une impression sur quelque partie du corps.

---

(1) A ce sujet, il faut tirer parti d'un grand et beau
travail de M. ISIDORE GEOFFROY-ST-HILAIRE, intitulé *Traité
de Tératologie*.

7° L'*Activité Interne* ; c'est l'expression d'une vérité commune, qui est que la Force Vitale possède le pouvoir de faire des mouvements et d'opérer divers changements dans le corps, en vertu de causes qui résident en elle, sans avoir besoin d'une provocation extérieure.

8° La *Spontanéité*; l'Agrégat, en tant qu'il est purement vivant, ne peut pas jouir des Facultés de la Liberté et de la Volonté, qui emportent toujours avec elles l'idée du sentiment de Soi ; mais il porte en lui la raison suffisante d'exécuter des actes propres, soit relativement à son progrès naturel, soit à la simple *occasion* de certaines impressions.

9° L'*Affectibilité*; ou la Faculté qu'a le Système Vivant, en tant que purement vivant, d'être modifié de diverses manières favorables ou défavorables, qui se manifestent et se différencient par divers actes vitaux relatifs. Ces modes considérés sous ces rapports sont depuis long-temps exprimés par les mots *Pathema*, *Affectio*, qui appartiennent également à la Psychologie et à la Biologie. Aussi, le parallèle des affections de l'Ame et des affections morbides nous est-il très-utile pour

nous faire concevoir un grand nombre de différences observées dans les maladies, telles
que la complication, l'ataxie, l'adynamie, etc.

10° La *Puissance Economique*, c'est-à-dire,
la cause admirable qui dispose dans le Système Vivant les actes physiques et chimiques
nécessaires pour la conservation, la *préser-
vation*, la destination et le rétablissement
de l'Agrégat, sans l'intervention d'aucune
puissance intellectuelle. Cette Providence
Vitale a été un des plus forts arguments des
Spinosistes et des Eléates de toutes les formes.
Puisqu'une Puissance qui n'a ni intelligence,
ni conscience d'elle-même, gouverne si bien
le Microsme, ou le *Petit-Monde;* pourquoi une
Force aussi dépourvue de sentiment d'elle-
même et de toute intelligence ne pourrait-
elle pas gouverner le *Grand-Monde* et tous
les agrégats qu'il enserre? Ce sophisme ne
m'ébranle pas. Quand je vois un système de
corps qu'aucune loi nécessaire n'a réunis,
lequel produit des effets prévus, réglés par
la convenance, le bon sens veut que je re-
connaisse une Intelligence comme cause de
ces résultats. Si l'Intelligence n'est pas dans
le système dont je parle, elle réside dans

celui qui l'a formé. Dans l'horloge de Lyon, je reconnais une grande Intelligence, qui n'est pas dans la machine, mais qui existait dans l'ouvrier. Dans un Agrégat Vivant, en tant que seulement vivant, je ne trouve ni intelligence, ni sentiment de son existence ; mais comme ses fonctions économiques présentent des causes finales manifestes, je dois reconnaître qu'une vraie intelligence était dans l'auteur. Si je fais attention que le Dynamisme Vital est, sous un grand nombre de rapports, semblable à la Raison Directrice du Sens Intime, que souvent il la surpasse, que dans ses actions il opère suivant les occasions et avec toute la spontanéité des causes contingentes ; je ne puis méconnaître que l'intelligence de l'auteur est transcendante, immense, peut-être incommensurable par rapport à la mienne.

11° L'*Instinct*; c'est une Faculté dont l'effet est tantôt de faire naître dans le Sens Intime des propensions ou des appétits que la Raison n'a point suggérés ; tantôt d'usurper les droits du Sens Intime sur des organes soumis à la volonté, de sorte que la Force Vitale exécute directement des fonctions qui ressemblent aux fonctions animales, quoique le Sens Intime n'y soit pour rien. Comme tout cela se fait dans l'intérêt de l'Agrégat purement vivant, cette Faculté peut être comparée à la *Philautie*. Et tout comme la *Concupiscence*, qui est une *Philautie* exubérante et vicieuse, altère souvent la Sagesse, de même les *Morosités*, qui sont la perversion de l'*Instinct*, sont fréquemment la ruine du Système.

12° La *Force Plastique*, qui est une Faculté de la Puissance Vitale, est l'aptitude à créer, dans la substance de l'Agrégat, des Etres vivants qui tôt ou tard ont une existence indépendante et personnelle. La génération d'un Etre semblable, et celle des Entozoaires, ne prouve-t-elle pas l'existence d'une aptitude créatrice dans la Force Vitale?

13° La *Contagion* d'une Affection Vitale est l'admission d'une *idée* morbide qui avait été élaborée ailleurs. Qu'on voie si cette définition ne serait pas analogue à une autre qui doit se trouver dans la *Psychologie Empirique*.

14° Le *Tempérament* est à la Force Vitale ce que le *Caractère* est au Sens Intime. A la Bizarrerie de ce dernier correspond l'Idiosyncrasie de l'autre.

15° La Force Vitale a une durée limitée, pendant laquelle elle développe une série de phénomènes successifs, et elle subit des changements infaillibles. Elle est donc susceptible d'une *Histoire Chronologique* qui s'étend du premier instant de son existence jusqu'au dernier. Cette histoire est d'autant plus digne de remarque, que, mise en parallèle avec celle du Sens Intime, on aperçoit des différences du plus grand intérêt.

16° La Force de l'*Habitude*, celle principalement dont le public a dit qu'*elle est une seconde nature.*

Mon parallèle pourrait paraître à quelques-uns comme une pure spéculation. Ils se tromperaient ; je l'ai soigné avec labeur, et l'expérience m'a prouvé que ce rapprochement éclaircissait des points obscurs, et nous suggérait le moyen d'apprécier des théories fausses quoique célèbres. Les exemples suivants pourront développer ma pensée.

1° Parmi les Facultés Vitales il faut contempler l'enchaînement contingent des actes soit simultanés, soit successifs, qui constituent les Fonctions *Naturelles* tant de la Santé que de la Maladie. Les Disciples de DESCARTES ont

c

pu dire que cet enchaînement était l'effet du Mécanisme : personne n'oserait aujourd'hui le répéter. Mais si l'on considère attentivement la théorie de l'*Irritation* de HALLER, qui la croyait capable d'expliquer l'harmonie économique de la Force Vitale, il est aisé de voir qu'elle ne répond pas mieux que le Mécanisme aux faits dont il fallait rendre raison. La réfutation de l'hypothèse Hallérienne nous sert à faire ressortir la supériorité du bon sens Hippocratique.

2° Quand nous chercherons à concevoir la formation des maladies, nous serons obligés de bien distinguer les diverses sortes d'état morbide où la Force Vitale se trouve lorsqu'elle produit les divers symptômes. Mais ces divers états sont difficiles à concevoir, à moins que nous n'ayons recours au parallèle des deux Puissances. Des analogies pathétiques entre elles sont le seul moyen, au moins de nous convaincre de la réalité du fait, quoiqu'il ne puisse pas nous le faire comprendre.

Ainsi, lorsqu'une impression violente, un coup de sabre, une balle lancée par la poudre à canon, affecte péniblement la Force Vitale, elle manifeste promptement son état morbide par des inflammations , par la fièvre et par d'autres symptômes plus ou moins graves. Mais si des impressions défavorables sont assez légères pour qu'elles soient inaperçues, et qu'elles soient assez fréquentes ou assez assidues pour que la Force Vitale ait été longuement agacée , il peut en résulter que cette Puissance se trouve modifiée d'une manière morbide, lorsqu'on s'y attendait le moins, et sans avoir besoin d'une nouvelle cause. La maladie semble alors être spontanée. Ses symptômes , sa marche et tous ses signalements décèlent dans la nature de ce phénomène un caractère propre qui a pu se former, et en vertu des impressions défavorables , et en vertu des dispositions intimes ou du tempérament de l'individu.

On doit sentir que ces deux cas présentent des états morbides fort différents. Dans l'un, la Force Vitale a exprimé promptement la susception d'une impression violente dont le Système a été évidemment offensé. Après un temps court, le Système rentre dans l'état normal , et il ne reste que les opérations naturelles nécessaires pour la réparation du désordre. Dans l'autre cas , cette même

Puissance a subi un mode profond plus ou
moins grave, qui se manifeste par la durée, l'opiniâtreté, la spécialité de la maladie
générale.

On sent la différence de ces modes, et
cependant on a de la peine à l'exprimer. Une
analogie peut contribuer à nous convaincre
de sa réalité. Le Sens Intime éprouve deux
sortes d'affections très-distinctes : l'une est
le sentiment subit et irréfléchi qui naît immédiatement après une insulte, et qui nous
porte à nous en plaindre avec véhémence,
ou à nous en venger sans mesure. L'expression de cet état mental est ce que l'on nomme
une *Réaction* par rixe, par rencontre, etc.
L'autre affection est un sentiment progressif,
formé par des impressions morales peu importantes, mais seulement accru et fomenté
par les répétitions des *Susceptions* (1) défavorables, et par des réflexions réitérées. Lorsque les ressentiments et la méditation ont
donné à la passion le plus haut degré d'in-

_____

(1) Quoique le mot *Susception* ne soit employé ordinairement que pour exprimer la réception des Ordres Sacrés,
je me permet d'en faire usage pour d'autres cas analogues.

tensité, les témoignages extérieurs sont appelés *Actes Prémédités*.

La distinction de ces deux ordres de sentiments est du plus grand intérêt dans la Législation, dans la Morale, dans l'Education, dans les relations sociales, dans les rapports domestiques. La distinction des deux états morbides de la Force Vitale que je viens d'indiquer n'est pas moins importante en Biologie Humaine, et par conséquent en Médecine. Les Maladies du Premier Ordre sont l'effet d'une *Réaction Vitale;* celles du Second, comparables aux sentiments réfléchis et aux actes prémédités, sont nommées Maladies *Affectives*, ou manifestations d'une *Affection* Morbide. Sans cette séparation, point de véritable Médecine. La confusion des *Maladies Affectives* et des *Maladies Réactives* est le vice radical de la Doctrine de Broussais.

Si l'analogie des Facultés correspondantes respectives des deux Puissances n'est pas toujours aussi facile à saisir, elle est toujours néanmoins aussi réelle, et toujours doctrinalement importante.

3° En posant les principes de la Zoonomie, nous avions soigneusement examiné l'Ins-

tinct. Nous ne pouvions pas douter qu'il ne
fût une Faculté Générale de la Force Vitale qui
vivifie tous les Etres Vivants. Nous avions dit
les raisons pour lesquelles nous ne voulions
pas le confondre avec la Puissance de l'Entendement, quoi qu'en aient pensé GALL, M.
DUTROCHET, M. DE CANDOLLE, et plusieurs autres. L'Instinct a de nouveau fixé notre attention, quand nous avons étudié la Force Vitale
Humaine. Il nous est aisé de le comparer
avec la Philautie du Sens Intime, et de faire
voir que les viciations morbides du premier
ont de grands rapports avec celles de cette
Faculté Psychologique. Après avoir exploré
l'Instinct dans toutes les circonstances où
l'Homme a pu se trouver, nous avons pu
nous faire une idée de tout ce qu'il est capable de faire sans le secours de l'Intelligence.
Plus nous l'avons observé, moins nous avons
eu de confiance dans la raison des bêtes.
Presque toute leur Psychologie est devenue
fort problématique.

Dans une maison de plaisance du Duc DE
ROHAN-CHABOT, non loin de Paris, les voya-
geurs ont long-temps remarqué le mausolée
d'une chienne du Duc DE ROQUELAURE, sur

lequel Mlle DE SCUDERY avait inscrit cette
épitaphe :

> Ci gît la célèbre BADINE,
> Qui n'eut ni beauté ni bonté,
> Mais dont l'esprit a démonté
> Le Système de la Machine (1).

La *Machine* fait allusion à l'opinion de DES-
CARTES qui ne voyait les animaux que comme
des machines. Il n'est pas nécessaire d'avoir
autant de mérite que BADINE pour *démonter* le
Système du Philosophe sur les bêtes : la considération de la fonction naturelle la plus simple,
chez un Etre vivant, suffit pour anéantir tout
le Mécanisme. Mais pour ceux qui connaissent
la Force Vitale et son Instinct, la réfutation
du Mécanisme ne suffit pas pour admettre
nécessairement un Entendement, un *Esprit*.

Quelques faits nous induisent néanmoins à
reconnaître, chez certains animaux, un Sens
Intime capable de plusieurs fonctions mentales. Mais notre conclusion s'éloigne peu du
sentiment de CUREAU DE LA CHAMBRE (2). On

---

(1) DULAURE, Nouvelle Description des environs de
Paris ; art. *Athis.* Paris 1786. in-12, pag. 12.

(2) Traité de la Connaissance des Animaux, où tout ce

dit que feu M. Frédéric Cuvier a employé trente ans de sa vie à éclaircir cette question (1). Je vois, avec satisfaction pour notre méthode, et avec peine pour la Science, que les observations et les réflexions accumulées dans ce long intervalle n'ont rien changé aux principes que nous avions posés : pas une addition, pas un retranchement, pas une correction.

Quelque paradoxal que mon parallèle puisse paraître, l'expérience m'apprend que son développement, accompagné des restrictions et des modifications nécessaires, lui ôte ce caractère. On finit par convenir que la Force Vitale est en quelque sorte un antitype ou une figure imparfaite du Sens Intime, mais non une répétition complète. Les ressemblances des Facultés correspondantes des deux Puissances sont sans doute nombreuses, mais les différences ne le sont guère moins. La conscience de l'une des Puissances et l'automatisme de l'autre suffiraient presque pour

qui a été dit pour ou contre le raisonnement des bêtes est examiné. Paris 1648. in-4°.

(1) Eloge de F. Cuvier, par M. Flourens.

ne pas les unir en un seul Dynamisme. Chaque
Faculté de l'une est par rapport à sa corres-
pondante une simple *Analogie* Générale, que
des particularités distinguent très-bien. D'ailleurs, dans chacune des Puissances, il y a
des Facultés qui n'ont point d'analogue dans
l'autre. Par exemple, le Sens Intime, comme
nous le disions naguère, possède l'Intuition
dont la Force Vitale est privée. La Force
Vitale est inhérente à toutes les molécules de
l'Agrégat Matériel, tandis que le Sens Intime
n'est présent qu'à certaines parties, et même
il y a toujours un intermédiaire entre lui et
le Corps. Le Sens Intime ne change point immédiatement le Système, tandis que la Force
Vitale retient les molécules et les préserve de
l'influence des causes extérieures divellantes,
ou elle leur fait subir des combinaisons dont
les corps bruts ne sont pas susceptibles, etc.

Ainsi, tout en profitant des bénéfices des
ressemblances pour la *caractérisation* de la
Force Vitale, il nous est aisé de démontrer
la *Dualité* du Dynamisme Humain. C'est ce
qui nous a mis en état d'apprécier l'Animisme
de SYNÉSIUS, de THOMAS D'AQUIN, de PER-
RAULT, de STAHL, et de motiver et les cen-

sures et l'indulgence que l'Ecole de Montpellier a prononcées de bonne heure sur cette doctrine.

IV. Après l'étude approfondie des trois éléments reconnus chez l'Homme, de l'Agrégat Matériel, du Sens Intime, de la Force Vitale, il faut en aborder la synthèse, et examiner les lois qui les réunissent en un seul individu. Cette partie de la Physiologie est appelée l'*Anthropopée* (1).

Les sujets qui la composent sont assez nombreux. Ceux qui m'ont paru les plus utiles, et que j'ai traités avec le plus de soin, sont les suivants.

1° La *Contemplation de la Réunion Hypostatique de ces Eléments*. Nous n'avions pas la prétention de composer la Force Vitale Humaine au moyen de prétendues *Propriétés Vitales* ajoutées aux tissus de nos organes, comme l'a fait BICHAT. Des Forces dont les effets sont *contingents*, étant la *propriété* d'une matière, tantôt constante, tantôt changeante, sans que ses variations aient aucune proportion infaillible avec les effets,..... c'est une

---

(1) De Ἀνθρωποποια, *Composition de l'Homme.*

Antilogie inconcevable , une association de deux idées contradictoires, qui m'aurait paru friser l'absurdité, si tant de gens ne s'en étaient contentés. Notre composition mentale se fait avec un Agrégat Matériel que nous avons connu par l'Anatomie , avec une Force Vitale Unitaire dont nous avons épié les manières d'agir, et avec un Sens Intime qui nous est connu par l'Intuition.

Les Métaphysiciens Spiritualistes ont été fort en peine de savoir comment on pourrait concevoir l'union du Sens Intime avec l'Agrégat Matériel , et pour cela ils ont eu recours à diverses hypothèses. Nous aimons mieux confesser notre ignorance sur ce point, et professer que l'Union du Dynamisme Métaphysique avec le Corps est un fait ; que le mode de cette Union ne peut être comparé à aucune combinaison, à aucune affinité. C'est pour faire une déclaration publique de cet aveu, que nous conservons l'épithète *Hypostatique*, depuis long-temps tombée en désuétude.

Dans cette partie de l'Anthropopée sont agitées diverses questions importantes. Peut-on assurer que l'un de ces Eléments crée les autres, et dans ce cas, quel est l'ordre de succession? Ou bien, tous les trois ont-ils été formés simultanément ensemble par une Cause Antérieure?

Chez les Individus incomplets, quels sont les Eléments qui doivent être présents? et dans les diverses circonstances, quelles sont les durées pendant lesquelles la Vie peut exister?

Lo Sens Intime peut-il être uni avec un Système d'organes dépourvu de Force Vitale; ou bien, la Force Vitale est-elle toujours interposée entre les deux autres Eléments?

Quelles sont, dans l'Agrégat Matériel, les conditions anatomiques nécessaires à la conservation de l'Union Hypostatique, et quelles sont celles qui ne sont pas indispensables?

Lorsque l'Agrégat Matériel est détérioré, est-il indifférent, pour l'intérêt de la Vie, que l'avarie soit rapide et brusque, ou qu'elle se fasse lentement suivant la loi de la Continuité?

La Faculté Vitale que j'ai nommée la *Quiescence*, qui préserve l'Agrégat Matériel des attaques des causes *divellantes* chimiques, peut-elle s'éteindre avant l'évanouissement de la Force Vitale? Quelques faits en petit nombre nous autoriseraient à répondre affirmativement.

Il faut ici établir par des preuves l'Ubiquité de la Force Vitale dans chaque atome.

C'est encore ici qu'il faut prouver l'aptitude que possède le Dynamisme Humain de hâter, de ralentir, de suspendre spontanément le développement de ses phénomènes successifs.

Les Allemands, à l'imitation de BUFFON, considèrent l'Homme comme double ; selon eux, il est animal et se trouve dans la condition de tous les animaux, en deçà de l'Intelligence. Le Principe du Système Intellectuel est un Etre différent surajouté à la partie animale. CARDAN avait une répugnance invincible à inscrire l'Homme dans un Système Zoologique. Pour prendre parti dans cette controverse, il faudra agiter cette question : Si l'Homme était purement Vital, privé de Sens Intime, et par conséquent dépourvu de cette greffe, serait-il Viable? On sait bien que la réponse est négative. Cependant on sait que beaucoup d'animaux peuvent vivre longtemps lorsqu'ils sont privés de cerveau. Il paraît que la conclusion devrait être celle-ci : l'Homme dépourvu du Sens Intime n'a pas les avantages que possèdent les animaux. La Force Vitale Humaine ne doit donc pas être de la même catégorie que les Forces Vitales des bêtes.

Dans l'état normal de l'Homme, les Eléments ne se maintiennent que par l'impression des Modificateurs. Mais quelquefois le Système est exempt pendant un certain temps de quelqu'un des besoins, ou même de tous. C'est ce qu'on appelle *Adéïa* (1). On connaît des cas d'exemption de tout aliment pendant plusieurs années ; de respiration, pendant plusieurs jours ; de respiration et de chaleur, quoiqu'il y eût sentiment de conscience, pendant plusieurs heures (2). Qu'on juge, d'après cela, de cette définition de la Vie : c'est un mouvement perpétuel dans un Système où s'opèrent l'exportation et l'importation de molécules, dont les unes sont attirées par des affinités, dans le moment où les autres ont cessé d'avoir des affinités pareilles.

---

(1) De Ἀδεῖα, *Absence de toute crainte, Sécurité.*

(2) *Vid.* PECHLIN, *De aëris et alimenti defectu et vitâ sub aquis Meditatio*, etc. Kiloni, Reumann. 1679 in-16.

Entre les états vitaux qui rendent le Système Humain inaccessible aux modificateurs
extérieurs, il ne faut pas négliger la presque
Indifférence pour la chaleur, et l'Incombusti-
bilité de certains individus.

2° Une autre partie très-importante de
l'Anthropopée, c'est l'*Histoire de la création
des organes par la Force Vitale, depuis l'é-
poque où le Système n'était qu'une goutte im-
perceptible de liquide jusqu'à l'état adulte,
et le procès-verbal bien constaté de la* Distribution *des Facultés Dynamiques dans toutes
les parties de l'Instrumentation.*

Cette *Distribution* Primordiale exige une
attention particulière. Là sont renfermées
les études de la Symétrie et de l'Asymétrie
des diverses parties ; des Sympathies et des
Synergies attachées primitivement à quelques-unes.

Depuis quelque temps les Anatomistes étu-
dient les Nerfs avec une attention extraordi-
naire. Les plus zélés ont pour motif qu'ils
regardent ces organes comme les généra-
teurs de la Vie. D'après leur manière de
voir, les Nerfs ont la *propriété* d'opérer les
fonctions qu'ils exécutent. Pour nous, les

Nerfs ne sont que des instruments n'ayant plus de vertu quand ils ont été séparés du Dynamisme Vivifiant du Système ; mais nous étudions les *Facultés* qui leur ont été départies, et notre zèle n'est pas moins actif quoique le Pouvoir de ces cordons ne soit que d'emprunt.

A cette occasion, il convient d'examiner l'opinion essentielle de GALL. S'il était vrai que des Facultés diverses fussent primitivement attachées à divers points du cerveau, ce serait faire une forte objection contre l'Organicisme. Car, si les diverses parties du cerveau sont chimiquement identiques, et que les formes de cet organe soient indifférentes, comme le prouvent des cas fréquents d'Hydrocéphalie, l'adhésion des Facultés diverses à des points anatomiques indiscernables prouve que cette disposition est *quodlibétaire*, instituée par le bon plaisir de celui qui a fait le Système, et n'est fondée sur aucune raison physique.

3° *La Rédaction des Lois Spondématiques* (1). C'est la réalisation de l'idée que proposait BACON, sous le nom de *Doctrine de l'Alliance*

---

(1) De Σπονδὴ, *Sanction de Traité d'Alliance.*

de l'Ame et du Corps. Comme les rapports ré-ciproques qui existent entre les Eléments de l'Homme se manifestent par des phénomènes très-contingents, BACON en a désigné la connaissance par un mot qui éloigne l'idée d'infaillibilité.

La langue de la Doctrine de l'Alliance semble être tout-à-fait métaphorique ; les expressions qu'elle emploie sont tirées des Sciences Morales, et les personnes peu versées dans la Biologie ne se figurent pas que les termes dont nous nous servons soient rigoureux. Cette erreur vient de ce qu'elles ignorent que les Faits Vitaux sont aussi contingents que les Faits Psychologiques. Comme la science la plus tardive a été obligée d'emprunter son langage, elle a dû s'adresser à la plus analogue. Mais lorsque les termes ont été transportés d'une science à l'autre, les Tropes ont été des *Catachrèses* et non des *Métaphores.* Ils sont donc grammaticaux, sérieux, exacts, et non *rhétoriques* ou æsthétiques.

Les Eléments de l'Homme n'agissent pas toujours uniformément, et suivant une même proportion d'intensité. Par exemple, dans la veille et dans l'exercice régulier des Fonctions

D

Animales, ils marchent de concert. Mais il est des moments où ils font entre eux des trèves légitimes, comme nous le voyons dans le sommeil régulier, dans la rémittence des douleurs même traumatiques. Il en est d'autres où il survient des infractions plus ou moins graves qui nuisent à l'exercice régulier des Fonctions ; telles sont l'Insomnie, les Maladies Comateuses, le Somnambulisme, l'Ivresse.

L'étude des Lois Spondématiques nous apprend, d'abord, le degré de liaison qui existe normalement entre les deux Puissances, dans les divers organes, et suivant les diverses circonstances où l'Homme peut se trouver ; ensuite, elle nous fait connaître l'ordre d'initiative que doit avoir chaque Puissance pour l'exercice régulier d'une Fonction Animale, suivant l'intérêt actuel d'un des Eléments.

Cette connaissance est la base de l'explication des Phénomènes Paraspondématiques (1) ou des infractions de l'Alliance, qu'il importe aux Médecins de considérer sous les vérita-

---

(1) De Παρά, *Contre*, et de Σπονδή, *Sanction de Traité d'Alliance.*

bles points de vue. C'est la clef de la théorie des Douleurs rapportées à des membres amputés, des Assoupissements, des Songes, des diverses espèces de Délires Fébriles, et des Aliénations que causent les Poisons, le Magnétisme ; des phénomènes extrêmement variés que l'on observe dans le Somnambulisme, soit spontané, soit provoqué.

4° La partie de l'Anthropopée qui me parait la plus singulière, est celle dont je donne le titre dans ces termes : ATTRIBUTION TEMPORAIRE *normale de Facultés qui n'entraient pas dans la* DISTRIBUTION *primordiale ;* et ATTRIBUTION ACCIDENTELLE *de Facultés qui peuvent intervertir l'ordre naturel des* DISTRIBUTIONS *premières.*

Il faut porter l'attention sur la différence qui existe entre la *Distribution*, qui est primordiale, et l'*Attribution*, qui est accidentelle.

La Proposition qu'on vient de lire est un Principe qui lie un très-grand nombre de faits épars, et qui donne entrée à quelques-uns réputés impossibles par ceux qui n'ont point étudié cette vérité générale.

Exemple d'une *Attribution* temporaire normale : la Faculté Génératrice dans les deux sexes de l'Espèce Humaine.

Exemples d'*Attributions* accidentelles de Facultés : Aptitude passagère à former vitalement une électricité abondante ;—Sensibilité accidentelle d'organes primitivement insensibles ; — Changements, produits par des maladies, dans les Facultés respectives des filets nerveux, à leur naissance ; — Articulations accidentelles ; — Solidarité des Organes ; — Transposition de l'Uropoïèse ; — Transposition de la génération de la Bile ; —*Attribution* d'une Faculté dans les Nerfs de la tête chez un Libraire des Etats-Unis.

Le degré suprême de l'*Attribution* accidentelle se trouve dans le phénomène nommé vulgairement *Transposition des Sens*, fait que l'on connaît sous le rapport des apparences, mais dont l'expression peut être provisoirement contestée. Quoi qu'il en soit, ce fait, dont la théorie n'est pas arrêtée, doit être rangé, dans tous les cas, parmi ceux du Principe que j'ai fait en sorte d'établir.

5° *Transmission d'un mode d'une des Puissances à l'autre, laquelle a quelque analogie avec la Contagion.*

Lorsque les deux Puissances constitutives du Dynamisme Humain coopèrent, elles doivent être simultanément modifiées, de manière à ce qu'il y ait entre elles une relation réciproque. Ainsi, pour que la Pensée soit régulière, il faut que le mode du Sens Intime imprime à la Force Vitale un mode relatif, sous peine de rendre la Pensée imparfaite. Voilà pourquoi une Idée tout intellectuelle est troublée si la Force Vitale est atteinte d'un état pathétique. Pour qu'un mode de la Force Vitale analogue à une idée donnée puisse la faire naître dans le Sens Intime, il faut que celui-ci s'accommode à la suggestion de l'autre. Si un intérêt moral est trop en opposition avec cette sollicitation, l'idée ne peut pas se compléter, à moins que le Germe Vital n'en soit né pendant le Sommeil, où le Sens Intime est plus passif. Dans cette communication d'une Puissance à l'autre, il faut reconnaître une sorte de Contagion, qui met à l'unisson celle qui avait l'initiative et celle qui a reçu l'impression.

Ce Principe nous sera d'une grande utilité pour expliquer la formation de la Pensée, des Passions, de la Folie; il nous fera concevoir l'*incomplément* que l'on y voit fréquemment dans le commencement de ces phénomènes.

Pour avancer dans la recherche de la Nature de l'Homme, il est bon de considérer cet Etre dans diverses positions, ou dans des états variés, où les Puissances développent plus particulièrement leurs attributs caractéristiques respectifs. Les positions et les états que j'ai choisis sont le sujet de connaissances depuis long-temps étudiées. Ces connaissances sont : V. la Paraphysicologie (1); VI. la Pathogénie ; VII. le Diagnostic ; VIII. la Doctrine des Forces Médicatrices ; IX. la Déèséologie (2) ou la Science des Besoins du Système ; X. l'Histoire Chronologique de la Vie Humaine ; XI. la Thanatologie (3) ou la Doctrine de la Mort.

V. La Paraphysicologie est la connaissance de tous les effets qui se produisent dans le Système Vivant, en conséquence de l'action de son *Non-Moi* sur lui. Les Anciens l'ont cultivée, mais les résultats n'ont pas été fructueux, faute d'une analyse suffisante du *Moi* complexe de l'Homme.

---

(1) De Πχρὰ, *Par-dessus* ou *Au delà de,* et de Φύσις, *Nature (Humaine).*

(2) De Δέησις, *Prière* ou *Expression de besoin.*

(5) De Θάνατος, *Mort.*

Une réflexion qu'il faut conserver dans l'esprit, et qui doit être appliquée dans l'Etiologie des Maladies et dans la Thérapeutique, c'est que chacun des Eléments de l'Homme peut être regardé comme une Sphère Centrale, dont les autres sont des *Non-Moi* qui exercent sur elle des choses *non-naturelles*. Ainsi, tour à tour, l'Agrégat Matériel est le Centre par rapport auquel la Force Vitale et le Sens Intime sont des sources de Choses Non-Naturelles; la Force Vitale est un *Moi* par rapport auquel l'Agrégat Matériel et le Sens Intime sont des sources de Choses Non-Naturelles, etc.

Entre les matières qui m'ont semblé les plus utiles sous le rapport physiologique, j'ai agité 1° la distinction des Causes Efficientes d'avec les Causes Occasionnelles, et les manières respectives dont les trois Eléments sont modifiés par une même impression; — 2° la différence qui existe chez le même Individu, entre les effets d'une même Cause imprimée dans des temps divers, lorsque l'Agrégat Matériel est resté le même, et que le Dynamisme a changé; — 3° la variété qu'on remarque dans les effets d'une même impression, suivant que celle-ci est brusque ou lente; — 4° l'étude de toutes les Impressions dont l'Homme est susceptible, soit accessibles à nos Sens Externes, soit insensibles au Sens Intime, mais appréciables à la Force Vitale qui exprime son mode consécutif tôt ou tard ; Impressions parmi lesquelles il ne faut pas négliger celles que causent les Impondérables, tels que la Température, l'Electricité, le Magnétisme-Minéral, le Magnétisme-Animal, la Lumière, etc. ; — 5° l'Examen de la variété qui se marque, chez les divers Individus, dans la *Ténacité de la Vie* ; — 6° les Impressions qui n'altèrent pas immédiatement l'Agrégat Matériel, et qui le changent médiatement en vertu des Affections que le Dynamisme a reçues de ces impressions ; — 7° la différence qui existe entre la *Réaction* du Dynamisme contre une Impression, et l'*Affection secondaire* qu'il en reçoit : à ce sujet, idée de la Spécificité ; — 8° la différence qui peut exister dans les appréciations des deux Puissances sous une même Impression ; — 9° l'étude de la Tolérance ou de la Longanimité Vitale, phénomène qui rend raison des Causes Procatarctiques, des Causes Déterminantes, et de plusieurs singularités observées dans les Epidémies Insolites, soit Universelles, soit Endémiques Nationales ; étude qui nous fait comprendre une des Causes de notre incertitude de l'époque future de la mort ; — 10° l'extrême difficulté de combiner les Causes variées pour la production de telle ou de telle Maladie, et de déterminer les Circonstances qui pourraient rompre la combinaison productrice. C'est ici l'occasion de rendre justice au travail élégant, savant et consciencieux de M. Fuster, sur les Maladies Générales (1), ouvrage dont M. Double a fait très-bien sentir le prix.

Une partie fort instructive de la Paraphysicologie, et par conséquent de la Constitution de l'Homme, c'est l'Histoire Analytique de l'Education. Dans l'Education il faut distinguer trois opérations : 1° Instruire ; 2° Dresser ; 3° Habituer. Chez l'Homme les trois opérations sont utiles, mais non pas indispensables. Quand il a reçu l'Instruction, il peut dresser et accoutumer lui-même sa Force Vitale. Mais en quoi consiste l'Education des Animaux?

(1) Des Maladies de la France dans leurs rapports avec les Saisons, ou Histoire Médicale et Météorologique de la France. Paris, 1840, in-8°, de viii-640 pag.

Est-il possible de les *instruire* ? Ne faut-il pas
se contenter de les *dresser* et de les *habituer* ?
Comment parvient-on à dresser les chiens
savants, l'âne *arithméticien*, et tant d'autres
bêtes que l'on montre dans les foires ? Comment avait pu agir Hondekoeter, célèbre Peintre d'oiseaux, pour accoutumer un coq à *poser*
devant lui, « à se tenir près de son chevalet,
» aussi long-temps et de telle façon qu'il le
» voulait? Cet animal obéissait au moindre
» mouvement de l'appui-main, et était si au
» fait de cet exercice, qu'il aurait demeuré
» dans la même attitude des heures entières
» sans se déranger (1). »

Il ne suffit pas d'étudier cette Education
Générale qui tend à développer et à perfectionner l'Homme sous tous les points de vue,
telle que l'ont considérée Xénophon, Aristote,
Rabelais, J.-J. Rousseau; ni l'Education Politique, où il s'agit de façonner l'Homme de
manière qu'il soit asservi sans peine au joug
des Lois et des Institutions de l'Etat; ni l'Education Libérale, qui a pour objet de le rendre

_____

(1) Vie des Peintres Flamands, par Descamps. Paris,
1760, t. iii, p. 45.

apte à exercer et à sentir les Arts Æsthétiques,
et ceux que l'on appelle Arts Académiques
(Equitation, Gymnastique, Escrime, Danse,
Nage, etc.). Il est encore indispensable de se
rendre compte de l'Education Spéciale nécessaire pour être en état d'exercer les divers arts
renfermés dans ce que l'on nomme *Batelage*,
où il s'agit d'étonner la foule par des formes
ou par des actes dont l'Homme Normal et Har-
monique n'est pas capable. Dans ces Educations, il faut toujours donner une direction
contre-nature à un des Eléments du Système,
sans compromettre l'existence de l'Entier. Il
faut donc étudier le pouvoir, les dangers, les
inconvénients de la tentative, et les précautions nécessaires pour arriver à ce résultat.

Ainsi, quand il s'agit de donner à l'Agrégat Matériel des formes artificielles, quels
sont les moyens employés pour conserver la
Vie et la Santé? Citons l'Art d'altérer la tête
des enfants chez les Sauvages; l'Art de changer
les articulations de la colonne vertébrale, et
celles de l'épaule et de la hanche, de manière
à ce que l'individu puisse donner à son corps
des configurations bizarres et incroyables.

Citons l'Art de changer le tempérament, et

d'amener soit l'émaciation qui fait d'un individu ce que l'on nomme une *Anatomie vivante,*
soit la corpulence herculéenne et athlétique.
Cet art agit sur la Force Vitale, et il importe
de connaître l'influence des tentatives sur les
autres Eléments du Système.

Citons encore l'Art de combiner l'adresse
de l'Esprit et l'agilité des Organes Musculaires
pour faire un Danseur de corde, un Escamo-
teur, un Voltigeur capable d'exécuter le saut
périlleux, etc.

Il n'est plus permis aujourd'hui de passer
sous silence cette influence que l'Homme
peut exercer sur son semblable, et qui est
connue depuis soixante ans sous le nom de
Magnétisme-Animal. Les faits sont maintenant
si nombreux, qu'au lieu de chercher à les
dissimuler, il faut songer à les faire entrer
dans la Science, chose qui n'est pas difficile
quand on se soumet aux règles de la Philosophie Naturelle Inductive.

Ce que SIGAUD DE LAFOND disait dubitati-
vement il y a soixante-deux ans, nous sommes obligés de le dire positivement. Après
avoir vu les effets, aujourd'hui très-communs,
d'une Magnétisation faite par MESMER, ne

pouvant plus douter de la réalité d'une Cause Inconnue, il écrivit : « Existerait-il donc dans »le Corps de l'Homme une Emanation parti-»culière, différente de la transpiration insen-»sible, que l'Homme pourrait diriger à vo-»lonté, et qui serait capable de produire, »suivant les circonstances ou suivant les dis-»positions qu'elle rencontrerait dans le Corps »vers lequel elle serait dirigée, des effets »aussi surprenants (1)? » Oui, il existe une Emanation, un Impondérable, que la Volonté excrète et dirige, et qui produit sur le Patient des phénomènes très-variables, contin-gents, aussi bizarres que ceux des substances enivrantes, même que celle du hatgi.

Comme entre ces effets se trouve assez fréquemment le Somnambulisme, il faut men-tionner ici les singularités qui se montrent dans ce *Paraspondéma*, cette interversion accidentelle de l'*Alliance* des Puissances Ac-tives. Il est du plus grand intérêt d'étudier les attributions insolites dont la sensibilité

_____

(1) Dict. des Merveilles de la Nature, par A. S. S. D. (Sigaud de la Fond). Paris 1781, in-8°, tom. ii, article *Magnétisme-Animal*.

du Sens Intime est susceptible. Il me paraît incontestable que dans cet état le Dynamisme du Patient peut, au moyen de l'impondérable intermédiaire, recevoir communication de certains modes intellectuels du Sens Intime de l'Agent. Le mot grec *Psychodiabate* (1), *qui pénètre dans les Ames*, n'aurait-il pas été fait pour exprimer cette Action Magnétique (2)?

Outre les influences qu'on exerce les uns sur les autres en vertu de la différence des sexes, il en est d'autres, par Sympathie et par Antipathie, qui sont étrangères à toute idée érotique, morale, rationnelle. Des récits de ce genre sont soutenus par les uns, contestés par d'autres. C'est à nous d'accepter la crédibilité des faits, et s'ils sont constatés, de chercher les principes d'où ils découlent.

VI. *Pathogénie.* La Maladie est l'imperfection des Fonctions Normales de l'Homme, ou une altération de l'Etat Naturel de ses Eléments.

---

(1) De Ψυχὴ, *Ame*, et Διαβάτης trajector, *qui transmet ou passe à travers.*

(2) M. ALEXANDRE dit que ce mot est un Néologisme (*Dict. Grec*). Il pourrait se faire qu'il fût de la même date que les premières observations sur la *Communication Mentale.*

La Pathogénie a pour objet la recherche de la théorie des Maladies. Cette recherche roule sur deux choses, qui sont : 1° la Généalogie des Symptômes, en montant jusqu'à la détermination du *Phénomène Initial* de la Maladie ; 2° l'Etiologie, c'est-à-dire, l'indication des diverses Causes qui ont amené le *Phénomène Initial*, ou bien l'assignation de la raison suffisante de ce phénomène.

1° Le *Phénomène Initial* d'une Maladie doit se trouver dans quelqu'un des Eléments du Système, ou dans l'infraction des Lois de leur Alliance.

La recherche du *Phénomène Initial* est le premier devoir du Médecin auprès du Malade. La pratique rationnelle ne peut se faire que par cette opération mentale.

Dans d'autres Ecoles Médicales, l'idée capitale de la théorie d'une Maladie, c'est celle de son Siége. Cela n'est vrai que dans les maladies dont la nature consiste en une altération matérielle d'une partie, comme dans une impotence par solution de continuité, par luxation, par hernie, par la présence d'un corps étranger. Mais, dans les cas nombreux où le *Phénomène Initial* est une viciation de l'exercice du Dynamisme, soit Vital, soit Psychologique, l'idée du Siége est certainement subalterne. L'altération anatomique n'est alors que la manifestation d'une réaction ou d'une affection de l'une des Puissances. D'après cela, si l'on veut une Nosologie Naturelle Générale, il ne faut pas espérer de la fonder sur des Siéges, quoi qu'en ait pensé M. ALIBERT (1), dont les Familles Médicales sont composées d'Affections nullement parentes, qui se trouvent dans un même rendez-vous par une convocation arbitraire de l'Auteur. Mais on conçoit *à priori* la possibilité d'une Méthode de cette nature, en partant de l'idée de la détermination du *Phénomène Initial,* bien qu'un pareil Système soit très-difficile dans l'enseignement théorique.

J'ai essayé de ranger les divers Etats Pathologiques de l'Homme, dans des Familles groupées autour des diverses modifications morbides que j'ai désignées dans ces quatre sources (2).

_____

(1) Dans sa *Nosologie Naturelle,* etc., in-4°. Paris 1817; ouvrage rempli de faits curieux et d'une grande utilité.

(2) C'est-à-dire, dans les trois Eléments reconnus, et dans l'infraction de leur Alliance.

I. Famille des *Maladies Anatomiques,* dont le *Phénomène Initial* est dans le vice des formes, dans le renversement des parties soumises à une compression, dans l'adultération ou la corruption de la substance de l'Agrégat Matériel.

La corruption du sang et des humeurs peut être cause de symptômes ; elle est *Phénomène Initial* quand un corps étranger a mêlé ces fluides. Mais, hors de ce cas, ne provient-elle pas d'une altération survenue dans l'action de la Force Vitale ?

II. *Maladies Paratrophiques* (1). Je nomme ainsi celles où l'Instrumentation a été dégradée en vertu d'une constitution physique primitive vicieuse. Certains Anévrysmes, la plupart des cas de Loupes, la Carie des Dents, la Presbitie, peuvent servir d'exemples.

Allons aux Maladies dont le *Phénomène Initial* est dans la Force Vitale.

III. *Maladies Réactives.* Ce sont celles dont le *Phénomène Initial* est un acte vital qui répond immédiatement à une impression malfaisante. Les Maladies dites *Affectives* doivent

---

(1) De Παρατροπὴ, *Altération, Dégradation.*

K

être mises en opposition avec les *Réactives*, comme nous l'avons déjà fait en opérant l'analyse des Facultés de la Force Vitale, et comme nous aurons bientôt l'occasion de le faire encore. Il faut distinguer les Maladies Réactives *Indéterminées*, telles que sont les Inflammations après une contusion par quelque instrument que ce soit, d'avec les Réactions *Spéciales*, telles que la Phlyctène par les cantharides, l'Empoisonnement. Une autre distinction importante, c'est celle qui existe entre les symptômes nécessaires pour la guérison, et les symptômes qui expriment le ressentiment de la Force Vitale, ressentiment que les Grecs appelaient *Blabè* (1), et que les Modernes nomment *Traumatisme*.

Ces trois sortes de Maladies sont les seules qui ont été connues avant la réunion de la Médecine et de la Chirurgie. PARÉ n'a parlé des autres qu'avec embarras et modestie. Les grands Praticiens des deux derniers siècles, DIONIS, GARENGEOT, J.-L. PETIT, LEDRAN, DESAULT, etc., en savaient moins que lui. Ce qui n'empêche pas qu'on ne leur doive

---

(1) De Βλάβη, *Dommage, Impression pernicieuse.*

admiration, honneur et respect. Les Hommes qui se bornent à de pareilles études doivent porter le nom de Chirurgiens au même titre que leurs prédécesseurs, et s'ils imitent leurs qualités et possèdent leur génie, ils hériteront de leur considération. Mais je verrais avec chagrin que des Elèves qui se contentent de ces connaissances aspirassent au titre de Médecin. S'ils veulent porter ce nom, il faut absolument qu'ils complètent leur éducation, sous peine de désobéissance aux Lois et d'indélicatesse. Ce sont là des idées et des sentiments que je tâche d'inculquer dans l'âme de nos Auditeurs. Heureusement plusieurs de mes Collègues ne cessent de leur faire comprendre que ce qui convient le mieux , c'est que la Chirurgie ne soit qu'une partie de la Thérapeutique : ce qui veut dire qu'elle doit être précédée de la connaissance de toute la Science de l'Homme, dont l'Anatomie n'est qu'une partie.

iv. *Maladies par Carence des Modificateurs Indispensables*. La privation d'air, de chaleur, d'aliments, de lumière, etc., est la cause d'un

---

(1) De *Carere*, Manquer.

besoin dont le Système Vivant souffre par tous ses Eléments. Les effets de ce besoin sont : la Suffocation, la Congélation, les phénomènes nombreux de la Faim et de la Soif, l'Etiolement, etc. Au reste, la privation n'amène ces résultats que lorsqu'il n'y a pas exemption, *Adeia*.

v. *Maladies Ethistes* (1) *ou Eithismènes.* C'est ainsi que j'appelle un état morbide habituel qui porte la Force Vitale à des instincts ou à des actes vicieux, tels que la Fureur du Tabac, les Maladies Annuelles, le Mérycisme (2), etc.

vi. *Maladies Salutaires ou Récorporatives.* Ce sont celles qui réparent une altération de la Constitution Chimique du Corps. A cette occasion, nous avons étudié les Cacochymies et les Cachexies. Quoique ces maladies soient fonctionnelles, elles ne sont pas toujours sans danger, témoin celles que l'on nomme aujourd'hui *Infecticuses.*

On rencontre souvent dans la Pratique, chez

(1) De Ἐθιστός, *Accoutumé, qui peut s'acquérir par l'habitude.*
(2) La *Rumination.*

un même individu, des maladies spontanées de formes variées, très-rapprochées, constituant une Vie Valétudinaire, et qui ne démontrent pas la présence d'une Affection Morbide déterminée. Après avoir considéré la fréquence et la liaison de ces indispositions, et avoir eu recours dans le Diagnostic à la Méthode d'Exclusion, on est obligé de reconnaître chez cet individu un tempérament particulier, que Stahl appelait *Tempérament Sensible*, et que j'exprime par ces mots : *Inquiétude Vitale*.

Je ne parle pas ici de cette *Inquietudo* que les Praticiens décrivent en Symptomatologie, que les Latins du Moyen-Age appelaient *Jectigatio*, et qu'Hippocrate a désignée assez souvent par le mot *Dysphoria* (1), symptôme consistant dans une agitation générale qui empêche le malade de rester quelque temps en repos. Cet état de la Force Vitale est exprimé par l'Instinct.

L'Inquiétude dont je m'occupe est plus interne, et ne se montre que dans l'exercice des

_____

(1) De Δυσφορία, *Inquiétude.* — *Vid.* Barthol. Castelli, Lexicon Medicum Græco-Latinum, etc. Genevæ, De Tournes, 1746, in-4°, pag. 278-279.

Fonctions Naturelles ou Economiques. La *Dysphoria* correspond à la *Turbulence* du Sens Intime; l'*Inquiétude Vitale* au caractère psychologique de l'*Heautontimerumenos*, tel que Térence le décrit. Dans ce cas, la Force Vitale est presque toujours défavorablement modifiée, ou pour rien, ou pour des riens. Le but général est assez utile pour que cet état maladif doive être placé dans la Catégorie des Maladies Salutaires. On sait que le meilleur moyen de rendre cette inquiétude moins importune, c'est d'établir un point d'irritation constant dans un lieu d'élection.

VII. *Maladies Originairement Perverses.* Ce sont des *Affections*, ou préparées de longue main et paraissant être spontanées, ou bien acquises par contagion. Elles peuvent être comparées aux préméditations des hommes passionnés.

Le nombre des *Affections* Morbides Perverses est plus considérable que celui des Affections Morales. Les contestations des Méditatifs sur la multiplicité et l'importance des Affections respectives, sont tout-à-fait semblables dans les deux sphères parallèles : les uns se piquent autant de multiplier les Espèces que les autres de les réduire. En général, s'il faut tomber dans un excès, j'aime mieux une analyse trop minutieuse qu'une extrême parcimonie de catégories où chacune est chargée de faits incohérents.

Les Maladies Originairement Perverses présentent trois formes différentes très-remarquables. 1° Il en est qui, conçues primitivement d'une manière malheureuse, provoquent dans la Force Vitale une série d'actes correctifs ou récorporatifs : exemples, la Rougeole, la Goutte. 2° Il en est qui se manifestent un certain temps, et s'épuisent spontanément, sans aucune récorporation sensible : telles sont fréquemment des Fièvres Intermittentes. 3° Il en est enfin où l'on ne voit aucun effort médicateur, et où le mal dure indéfiniment et tend toujours à détruire le Système avec plus ou moins de lenteur : Cancer, Syphilis, Lèpres.

La division générale la plus naturelle des Affections Primitivement Perverses est : 1° celles où la Force Vitale exprime son mode morbide par des *opérations* qui altèrent les solides ou les liquides de l'Agrégat Matériel (Maladies avec matière, comme disent les Praticiens);

2° celles où elle se manifeste par des mouvements ou par des sensations, sans altération
de la Substance (sans matière), et que l'on
nomme Maladies *Purement Actives*. Employons
les deux mots, si cela est nécessaire, pour ne
pas mettre les *Maladies Actives* en opposition
avec les *Passives*, mais seulement en opposition avec les *Maladies Opératives*.

Parmi les *Maladies Opératives* qui appartiennent à la famille des Perverses, nous pour-
rons distinguer : 1° les Phlogistiques, comme
les Phlegmons, les Exanthèmes ; 2° les
Fluxionnaires, sans flux, comme le Rhuma-
tisme ; avec flux, comme le Melœna, les Diar-
rhées; 3° les Corruptrices, comme le Cancer, le Scorbut, la Syphilis, la Pourriture
d'Hôpital, les Eschares Spontanées, la Com-
bustion Spontanée, la Production d'Humeurs
Morbides, et l'Altération des Humeurs Naturelles ; 4° les Plastiques, telles que le Phthi-
riasis, le Dragoneau, les diverses sortes de
Malis (1) spontanés, la Production des Ento-

_____

(1) *Vid.* Sauvages, *Nosologia methodica sistens morbo-
rum classes, etc. Amstelod.* De Tournes, 1768, in-4°.
Class. x *Cachexiæ;* xxiv *Malis, p.* 550-554.

zoaires; 5° la Génération Excessive d'Impondérables, telles que les Etincelles Electriques, les Sueurs Phosphoriques, la Rétention de l'Electricité produisant des symptômes plus ou moins incommodes, particulièrement la Crampe, l'Exhalation d'Odeurs Fétides, etc.

VIII. Entre les *Maladies par Pure Action*, sans opération, maladies nommées des *Névroses*, il faut distinguer : 1° celles qui ont pour forme essentielle des mouvements anormaux, telles que, à l'extérieur, les Convulsions, le Tétanos; à l'intérieur, la Formation du Volvulus, l'Asthme, le Catarrhe Suffocant, l'Angine de Poitrine, l'Epilepsie; 2° celles qui constituent des Sensations Ingrates : par exemple, les Névralgies Essentielles, le Prurit *sans matière*, les Douleurs Hystériques, les Hallucinations prises dans le sens de Sauvages, le Vertige.

IX. *Maladies par Inaction* de la Force Vitale. Leur forme est la suspension de fonctions importantes : par exemple, l'Anorexie, l'Atrophie, d'où Emaciation, Inanition et même Anhémie; l'Asphyxie (1), ou locale, ou géné-

(1) Dans l'acception de *Mort Apparente*, et nullement dans celle de *Suffocation*, comme on le fait si souvent et si mal à propos de nos jours.

rale. Le plus haut période de l'Inaction Vitale est
une mort apparente, qui peut être très-voisine
de la mort. On doit ne pas oublier que dans
cette famille de maladies la Force Vitale est
essentiellement Inactive, tantôt par une éner-
vation radicale, tantôt par une sorte de stu-
péfaction de cette Puissance. Je citerai pour
exemple de ce dernier cas, une sorte de stu-
péfaction générale plus ou moins prolongée,
telle qu'on la lit dans les Mémoires de l'Académie de Suède, ou telle que LEFEBVRE DE
VILLEBRUNE l'a reproduite dans sa traduction
d'ATHÉNÉE (1). Si la suspension des fonctions
provenait d'une compression dans des organes
de l'Innervation, le *Phénomène Initial* ne serait pas dans la Force Vitale. Ainsi, sous le
nom d'*Apoplexie*, je crois voir trois sortes de
maladies.

x. *Maladies de l'Instinct*, où la Force Vitale
sollicite le Sens Intime à des appétits ou à
des actes bizarres plus ou moins vicieux.
On a tort de les mettre dans la Famille des
Névroses : SAUVAGES a mieux fait de les réunir

---

(1) Banquet des Savants, trad. par J.-B. LEFEBVRE DE
VILLEBRUNE. Paris, LAMY, 1789-91, 5 vol. in-4°, t. II, p. 556.

et de les concentrer dans la Classe des *Morosités*. Ici doivent se placer l'Hypochondrie, le
Tournis, la Propension Homicide sans délire,
la Malacie, le Pica, le Spleen, la Nostalgie,
l'Hydrophobie avec son Odaxysme.

Il faudra bien ne pas confondre un Penchant
Instinctif, quelque entraînant qu'il soit, avec
la Folie. Il est des Philanthropes zélés qui vou-
draient dispenser ceux qui en sont accusés de
toute *imputabilité*. On peut appliquer à cette
Secte ce que PASCAL disait d'un Corps célèbre,
dont la Morale était fort indulgente : *qui tollit
peccata mundi*. Suivant eux, un Penchant Pervers peut être d'une violence telle, que la
liberté de l'individu est anéantie, et que les
actions les plus atroces sont irresponsables,
puisqu'elles n'obéissent point à une volonté
réfléchie, mais seulement à un penchant irrésistible. Dans une Dissertation d'ESQUIROL sur
la *Manie Homicide*, insérée dans la traduction
de la *Médecine Légale* de M. HOFFBAUER, l'Homicide des hommes qui jouissent de la raison
est regardé comme un acte aussi peu impu-
table que celui des Aliénés. Un homme atteint
de cette Morosité « est entraîné par un instinct
» aveugle, par une *idée*, par *quelque chose d'in-*

» *définissable* qui le pousse à tuer ; et même
» alors que sa Conscience l'avertit de l'horreur
» de l'acte qu'il va commettre, la Volonté lésée
» est vaincue par la violence de l'Entraîne-
» ment ; l'homme est privé de la liberté mo-
» rale, il est en proie à un délire partiel, il
» est monomaniaque, il est fou. » Je ne puis
pas admettre cette folie momentanée. Es-
QUIROL raconte un grand nombre de faits
d'après lesquels la Raison peut toujours être
la plus forte. Plusieurs crient pour qu'on les
enchaîne ; d'autres fuient ; il en est qui prennent l'instrument du meurtre, et qui le jettent
au moment de s'en servir ; un grand nombre
avertissent avec instance les individus mena-
cés. L'homme qui jouit de la Raison et qui suc-
combe, ou sans combat, ou avec indifférence,
est un Scélérat qui préfère l'intérêt de son
Egoïsme à celui de l'Humanité. Il ressemble
au Libertin qui méprisant les Lois Sociales, ne
tient aucun compte de la Pudeur, de l'Honneur, de la Tranquillité des Familles, etc., et
qui n'obéit qu'à l'impulsion de la Nature. Il
professe la Morale de ces Théodoriens dont
parle MONTAIGNE, « qui trouvent juste ou sage,
» le larrecin, le sacrilége, toute sorte de pail-

» lardise, s'il cognoist qu'elle luy soit profi-
» table (1). »

Une idée fixe d'un Penchant Vicieux, que
l'individu justifie logiquement, n'est point une
Folie, ni une Manie, ni une Mélancolie : c'est
un Instinct Dépravé, que la Volonté pouvait
comprimer, et que la Concupiscence a pro-
tégé.

En parlant des appétits dépravés, il ne sera
pas difficile de faire apercevoir le rapport qui
existe entre ces penchants et l'excentricité qui
porte certains hommes à ne chercher que le
laid ou le difforme. L'homme qui recherche
avec avidité les excréments, me paraît avoir
de l'analogie avec ce Peintre appelé VAN
CRAESBÈKE (2), qui n'a peint que des sujets
bas et dégoûtants, et qui déjà disgracié de la
Nature, s'étudiait encore, devant un miroir,
à joindre des grimaces à ses formes naturelles,
pour se rendre plus hideux. «Souvent il se
» mettait un emplâtre sur l'œil en ouvrant une

---

(1) Essais, liv. III, chap. 13. Amsterdam, 1781, t. III,
p. 493.
(2) Il vivait dans le xviie siècle; il était de Bruxelles.
Voy. DESCAMPS, Vie des Peintres Flamands, etc., t. II.

» bouche effroyable, etc. C'est ainsi qu'il a
» fait plusieurs fois son portrait. »

Pour continuer ce rapport entre les Penchants Vicieux des deux Puissances, il faudra
chercher si les Appétits Dépravés ne sont pas
des preuves d'un mode vital pervers et destructeur, comme M. DE CHATEAUBRIAND croit
que le Mauvais Goût coïncide avec le Vice.
Lisons ce passage qui avait frappé BARTHEZ.

« Le cœur humain », dit M. DE CHATEAU-
BRIAND, « veut surtout admirer : il a en soi
» un élan vers je ne sais quelle beauté incon-
» nue, pour laquelle il fut peut-être créé dans
» son origine.

» Il y a même quelque chose de plus grave.
» Un peuple qui a toujours été à peu près
» barbare dans les arts, peut continuer à ad-
» mirer des productions barbares, sans que
» cela tire à conséquence ; mais je ne sais
» jusqu'à quel point une nation qui a des
» chefs-d'œuvre en tous genres, peut revenir
» à l'amour des monstres, sans exposer ses
» mœurs. C'est en cela que le penchant pour
» SHAKESPEAR est bien plus dangereux en
» France qu'en Angleterre : chez les Anglais
» il n'y a qu'ignorance, chez nous il y a dé-
» pravation.

» Dans un siècle de lumières , les bonnes
» mœurs d'un peuple très-poli tiennent plus
» au bon goût qu'on ne pense. Le mauvais goût
» alors , qui a tant de moyens de se redresser,
» ne peut dépendre que d'une fausseté ou d'un
» biais naturel dans les idées : or, comme
» l'esprit agit incessamment sur le cœur, il
» est difficile que les voies du cœur soient
» droites , quand celles de l'esprit sont tor-
» tueuses. Celui qui aime la laideur n'est pas
» fort loin d'aimer le vice ; quiconque est in-
» sensible à la beauté peut bien méconnaître
» la vertu. Le mauvais goût et le vice marchent
» presque toujours ensemble ; le premier n'est
» que l'expression du second, comme la parole
» rend la pensée (1). »

XI. *Maladies Paraspondématiques*, c'est-à-
dire, provenant d'une viciation de l'Alliance.
Je prends pour exemples l'Insomnie, la Stu-
péfaction Courte , le Somnambulisme , soit
intermittent, soit continu et de longue durée,
le Délire Passager.

Le passage du sommeil à la veille est un
Sommeil incomplet , où la Volonté commence

---

(1) Mercure de France, N° xxvi, pag. 114.

à exercer son empire sur les Muscles, de
manière à ce que le Sens Intime puisse agir
en conséquence d'un songe qui se prolonge.
Les actions de ce genre ne sont pas de la
même nature que les somnambuliques, parce
que, dans les cas que j'indique, les individus
se souviennent de leurs actions et de leurs motifs. C'était le cas d'un homme distingué de ma
connaissance, quand il se levait et s'emparait
d'un sabre pour se défendre contre un ennemi. M. Hoffbauer a traité cette matière,
et il cherche à faire voir que l'homme qui agit
dans cet état n'est pas responsable, ce qui
n'est pas fort difficile (1).

xii. *Maladies Vésaniques*, toutes les aberrations du Sens Commun. Il ne faut mettre
dans cette Famille ni l'Imbécillité Primitive,
dont le *Phénomène Initial* est la privation d'un
instrument convenable ; ni la Stupidité Ac-
quise, qui appartient à la Famille des Maladies par *Inaction;* ni l'Excentricité des Hypo-
chondriaques, qui appartient à la catégorie

(1) Médecine Légale relative aux Aliénés et Sourds-
Muets, etc., trad. de Chambeyron, avec des notes par
Esquirol et Itard, Paris 1827 ; § 205, p. 254.

des *Maladies Instinctives;* ni le Somnambulisme, qui a sa place parmi les Maladies Paraspondématiques. Il faut, comme la définition
l'indique, que le malade éveillé déraisonne
en tout ou en partie sur les choses qui sont à
la portée du simple Sens Commun.

Les Maladies Vésaniques ont des formes
assez différentes pour qu'elles soient susceptibles de division. Comme je ne dois
m'occuper ici que du *Phénomène Initial* de
chaque cas, il me semble, d'après un grand
nombre de faits, que ce Phénomène réside
tantôt dans le Sens Intime, tantôt dans la
Force Vitale, tantôt dans l'altération de l'instrument cérébral ; tantôt enfin dans l'Association de deux ou des trois Eléments. Plus
j'y réfléchis, plus je trouve arbitraire cette
proposition moderne. « La Cause Immédiate
»de l'Aliénation Mentale est toujours une
»lésion matérielle du Cerveau ; les Causes Mé-
»diates ou Déterminantes peuvent seules être
»divisées en Physiques et en Morales (1). »

Il peut être fort difficile, en Pratique, de

(1) Note par M. Chambeyron, sur le § 80; p. 82, de la
Médecine Légale relativement aux Aliénés, de M. Hoffbauer.

F

faire la distinction dont je parle, et voilà
pourquoi on est souvent obligé de varier les
Méthodes Curatives à *juvantibus et læden-
tibus*. Mais comme il s'agit ici d'établir des
propositions sur la Nature Humaine, je me
contente d'exprimer en général le résultat
des Observations Pathologiques, Anatomiques
et Thérapeutiques que j'ai recueillies et comparées. On aurait cependant grand tort de ne
pas chercher dans chaque cas particulier, à
résoudre ce problème.

Je l'ai dit : cette Recherche Généalogique
n'est point une spéculation subtile, c'est
une Analyse Pratique sans laquelle la Médecine ne saurait être exercée. Rien de plus
commun que de voir une Maladie portant
un seul nom, pouvoir dépendre, dans divers
cas, de *Phénomènes Initiatifs* fort différents.
La Hernie provient tantôt d'un effort physique
ou d'une altération anatomique ; tantôt d'un
travail spécial et vicieux, dont l'existence est
prouvée par la hernie de vessie. L'étrangle-
ment de la hernie intestinale en général est
tantôt l'effet d'un engouement de matières
stercorales, tantôt d'une affection vitale opé-
rative, qui est l'inflammation, tantôt d'une

affection active qui est quelquefois un *resser-rement du sac*, et plus souvent un Spasme Dilatatoire de l'intestin. L'Anévrysme provient tantôt d'une altération anatomique physiquement produite ; tantôt d'un acte vital opératif ; tantôt d'un travail actif de la Force Vitale , qui se fait par la rencontre d'un mouvement péristaltique dans une partie de l'artère , et d'un mouvement anti-péristaltique dans l'autre ; tantôt d'un besoin vital qui est tel, que si des moyens mécaniques rendaient impossible la dilatation anévrysmale, le Système serait en danger. Il faut lire à ce sujet une Observation de GUATTANI, dans son Traité des Anévrysmes (1).

Je ne pouvais pas quitter la Pathogénie, sans étudier dans la Force Vitale quelques Modes que nous présentent diverses maladies, et qui méritent notre attention autant sous le rapport physiologique que sous le rapport pratique : je veux parler de l'Inflammation en général, de la Fièvre et de ses diverses

---

(1) *De externis Anevrysmatibus manu chirurgicâ methodicè pertractandis;* Romæ 1772, in-fol. ; Hist. xx.

Formes, de l'Intermittence, de la Périodicité,
de la Putridité, de la Malignité, et des Forces
du Système, soit *Agissantes,* soit *Radicales.*

J'en étais là de mon Cours, lorsque je fus
obligé d'interrompre mes travaux, par une
maladie grave et longue, dont le souvenir,
M. LE DOYEN, se lie avec la reconnaissance que
je dois à vos soins, à votre zèle et à votre amitié.

Continuons l'esquisse rapide des objets qui
devaient compléter ma manière de considérer
la Constitution de l'Homme.

2° *Etiologie.* L'Etiologie de la Maladie, ou la
Raison Suffisante de son *Phénomène Initial*, est
l'Analyse Raisonnée des *Causes* qui ont amené
ce Phénomène. Ces Causes diffèrent beaucoup
d'après les manières dont elles agissent; aussi
les Médecins en distinguent un assez grand
nombre, comme je l'ai rappelé ailleurs. Ces
distinctions ne sont pas de médiocre intérêt. On
reste étranger à l'Etiologie, si l'on ne sépare pas
une Cause Efficiente d'avec une Occasionnelle;
une Procatarctique d'avec une Déterminante;
une Cause Génératrice d'avec une Condition-
nelle; une Accidentelle d'avec une Proëgu-
mène, etc. Plus je vois négliger, peut-être
même dédaigner ces Principes de Métaphy-

sique Générale, plus je me sens obligé d'en faire sentir l'importance à nos Disciples, en les appliquant à la Pathogénie.

Une grande partie des Causes Extérieures des Maladies se trouvent dans les choses qui font le sujet de la Paraphysicologie. C'est la Topique la plus fertile où l'on peut se pourvoir pour l'Etiologie Pathologique.

Il est une Cause Spéciale qu'il faut étudier avec soin : c'est la Contagion, dont la Doctrine offre le plus haut intérêt. Ce Phénomène est un de ceux de la Force Vitale qui sont les plus dignes de notre attention.

La Contagion me paraît une Loi Vitale assez générale pour qu'elle ait figuré dans la Zoonomie. En la considérant dans l'Homme, je désire que l'on m'éclaircisse sur un soupçon qui m'occupe. Il me semble que plusieurs de nos Affections Contagieuses ne sont point transmises aux Animaux; tandis que nous sommes accessibles à toutes celles des Animaux (1). Depuis peu, l'on a constaté la communication de la Morve du Cheval à l'Homme. Je lis que M. DASSIT, de Confolens, a publié

---

(1) CAMPER, Question proposée par la Société Batave.

des cas de Contagion de la Gale du Cheval, et
du Prurit Férin du Taureau à notre Espèce (1).

VII. *Diagnostic.* C'est ainsi que l'on nomme
l'art d'arriver à la connaissance du *Phénomène
Initial* d'une Maladie, au moyen de tous les
faits relatifs qui sont à notre disposition. Je
ne dois pas m'occuper ici des faits rationnels
qui aident à ce résultat et dont le Médecin fait
un grand usage; je ne dois porter l'attention
de mes Auditeurs que sur les Symptômes qui
sont les effets du *Phénomène Initial.* La liaison
de ce Phénomène avec les événements consé-
cutifs est la seule qui puisse me fournir des
moyens dans l'étude de la Constitution.

Un *Phénomène Initial* de l'Ordre Anatomique
peut fournir des Symptômes nécessaires, de
sorte que ces effets font reconnaître infailliblement la Cause, si l'Observateur est suffi-
samment instruit des conditions indispensables pour bien posséder la chaîne.

Mais si ce Phénomène intéresse la Force
Vitale, les Symptômes qui procèdent de ce
dernier Elément ne portent pas avec eux la

(1) Bulletin Général de Thérapeutique, t. xix. 30 octobre
1840.

certitude physique, parce que leur Cause Immédiate est douée de Contingence. La Force Vitale peut répondre diversement à l'impression qui a été faite sur elle.

Non seulement elle n'est pas d'une fidélité impeccable quand il s'agit de la présence d'une Altération Anatomique, mais elle peut nous tromper dans l'expression de ses propres Affections Morbides. Comme une Affection Morale peut se présenter très-différemment chez divers individus, une Affection Morbide peut produire des Symptômes très-différents chez divers Malades. Le Diagnostic de cet Ordre n'est donc pas plus certain que l'expression des Passions : remarque qui est utile aux Commençants, disposés à croire que la Séméiotique est une Mécanique Infaillible.

Il importe encore de les avertir que la Force Vitale, qui meut toutes les molécules de l'Agrégat Matériel, peut produire dans les organes des Phénomènes dont les effets ressemblent à des Altérations Anatomiques. Il peut donc se faire que dans la généalogie des effets, on arrive à un *Phénomène Initial* qu'on soutient être de l'Ordre Anatomique, quoique dans la réalité il soit le résultat d'une Action

Vitale s'exerçant vicieusement sur les instruments. C'est ce que l'on a vu, par exemple,
dans l'usage du Stéthoscope.

VIII. *Forces Médicatrices*. On sait que la
même Puissance Intime qui a développé
l'Homme, qui le nourrit et le conserve, est
la même qui répare les dégâts survenus dans
l'Agrégat, et qui ramène la Santé, non-seulement sans la participation de l'Art, mais
même en dépit des moyens mal entendus mis
en usage.

L'Agrégat Matériel n'est pas capable de
produire un changement favorable dans le
Système Malade : les Forces Médicatrices ne
peuvent se trouver que dans les Puissances
Actives.

Le Sens Intime agit sur son Système, ou par
son Intelligence, ou par ses Affections qui
influent puissamment sur la Force Vitale.

La Force Médicatrice de la Puissance Vitale
doit être étudiée : 1° dans la Récorporation
des Cacochymies; 2° dans les désordres que
les Maladies *Opératives* ont causés dans la substance de l'Agrégat ; 3° dans les Solutions de
Continuité et dans les autres Altérations Traumatiques produites par les Causes Violentes

Extérieures ou Internes ; 4° dans les Ablations de Substances.

La Récorporation, la Résolution, la Cicatrisation, la Régénération ne sont pas les seuls Actes Médicateurs. Je désire qu'on porte son attention sur quelques autres effets vitaux salutaires moins étudiés ; par exemple : 1° sur les Instincts réputés bizarres qui ont été utiles ; 2° sur les Phénomènes Purement Actifs, tels que les Attaques Convulsives, qui ont amené la guérison d'une Affection grave ; 3° sur les changements et versions internes que la Force Vitale opère pour la délivrance d'un Corps Etranger : par exemple, sur l'Expulsion tardive des balles, sur l'Accouchement Spontané des enfants dont le bras était sorti, etc. ; 4° sur les événements qui surviennent dans les Luxations non réduites et dans les Fractures non consolidées, etc. (1).

Dans une Lettre à l'Académie des Sciences, M. J. GUÉRIN (2), à l'occasion des Torticolis

_____

(1) Je ne dois pas oublier de rendre justice au bon travail que M. KÜHNHOLTZ a fait en 1819 (*) sous le titre suivant : *Considérations sur les* FAUSSES ARTICULATIONS.

(2) *Gazette Médicale*, 1840, N° 50, p. 466.

(*) Voy. le *Journ. Complém. du Dict. des Sc. Médic.*, t. III, p. 280.

très-anciens, a presque décrit un fait que j'avais observé il y a trente ans, et dont j'avais parlé plusieurs fois dans mes Leçons. Voici ce qu'il dit au sujet du changement survenu dans le visage. « Au milieu de ces déformations, l'œil » correspondant au côté abaissé présente une » disposition spéciale digne de remarque : au » lieu de suivre le mouvement d'abaissement » oblique propre aux autres parties de la » demi-face, il s'abaisse en effet ; mais, par un » mouvement de rotation suivant son grand » axe, il tend à reprendre la situation horizon- » tale, de manière à ce que les axes transver- » saux des deux yeux continuent à être Paral- » lèles, bien que situés à une hauteur différente. » Ils sont ainsi comme placés en escalier. » M. Guérin indique ensuite les changements que cette disposition apporte à la vision, circonstance qui s'éloigne de mon objet. Le changement qui s'opère dans la face, c'est que son axe tend à se redresser, tandis que les côtés de cette région conservent les rapports que leur avait donnés l'accident primitif. La Force Vitale de l'Homme paraît avoir agi, comme celle des arbres agit sur la tige quand elle a été courbée : elle tend toujours à lui im-

primer la ligne verticale, souvent sans changer
les rapports que les branches doivent avoir
avec le terrein incliné.

IX. *Doctrine des Besoins du Système Vivant,*
auxquels les Forces Médicatrices n'ont pas pû
satisfaire.

La partie pratique de la Médecine est toute
renfermée dans une Catégorie Générale nommée *Thérapie,* ou Collection de tous les soins
dont l'Homme peut avoir besoin, soit en
Santé, soit en état de Maladie ; Art qu'il ne
faut pas confondre avec la Thérapeutique
Ordinaire, puisque celle-ci est une simple
partie de l'autre. Pourquoi a-t-on inventé ces
secours nombreux, si ce n'est parce que le
Dynamisme Humain n'est pas assez puissant
pour conserver spontanément le Système, et
que l'Intelligence a dû venir au secours de la
Nature? Or, l'étude des Infirmités de la Constitution Humaine est aussi bien partie intégrante de la Physiologie que l'étude de ses
Facultés.

Je me propose de présenter les Besoins du
Système Humain, suivant l'ordre des parties
pratiques instituées pour y satisfaire. On
montrera : 1° Au titre d'*Hygiène,* les défauts

d'Instinct, et les ignorances graves qui, aux
divers âges de la Vie, nous forcent à implorer
le secours de l'expérience et de la réflexion ;
2° à celui de *Prophylactique*, les prédisposi-
tions dangereuses et l'impuissance où est la
Force Vitale de les éluder ou de les détruire ;
3° à celui d'*Educations Spéciales Diverses* où
il est nécessaire d'introduire dans le Système de nouvelles formes corporelles, le
Tempérament, les Habitudes Morales, qui
sont en opposition avec l'harmonie naturelle
et originaire de l'individu ; 4° à celui de
Thérapeutique Ordinaire, l'étendue et les
bornes des Forces Médicatrices Naturelles,
et les Indications auxquelles la Force Vitale
ne peut point satisfaire et que l'Art peut remplir ; 5° à celui de *Macrobiotique*, le besoin
irrésistible que le Sens Intime éprouve de
vivre sans fin, et quelques moyens de donner
à la Vie toute l'étendue possible ; 6° à celui
de *Boucolèsis* (1), employé par PLATON pour
désigner une Médecine Subsidiaire dont le
but est de rendre supportable une Maladie

---

(1) De Βουκολησις, *Consolation*, *Heureuse Tromperie*.

trop douloureuse ou rebelle à nos remèdes, les moyens que nous avons de relâcher l'Alliance des deux Puissances, afin que le Sens Intime ressente un peu moins le labeur pénible de son partenaire ; 7° à celui d'*Euthanasie* (1), ou Art de vivre avec plaisir, cette Sensualité Conservatrice qui nous attache à la Vie, lors même que le dégoût le plus général nous fait long-temps différer une mort volontaire.

La Thérapeutique Chirurgicale proprement dite opère physiquement sur l'Agrégat Matériel, mais le changement qu'elle produit est rarement une guérison immédiate : la Force Vitale a besoin d'agir, ou pour guérir la Maladie quand la Chirurgie a mis le Système dans les conditions les plus favorables, ou pour réparer le mal que l'opération a rendu nécessaire. Le *Taxis* laborieux exige des soins pour que la Force Vitale redonne aux parties le ton naturel et l'*Evœsthie* (2). L'*Exérèse* immédiate sans Solution de Continuité est dans la même condition. Si elle

---

(1) De Εὐθανασία, *Mort Heureuse.*
(2) De Εὐαισθησία, *Santé, Vigueur des Sens.*

est sanglante, elle est dans la condition des
plaies, qui exigent une *Synthèse*, pour laquelle
l'Art ne fait que favoriser les contacts les
plus favorables : la Cicatrisation est l'affaire
de la Force Vitale. La *Diérèse* sanglante est
sans doute immédiatement un changement
physique utile ; mais elle est la cause d'une
nouvelle Maladie plus ou moins grave, dont
la guérison ne peut se faire que par les travaux médicateurs de la Force Vitale. Dans la
Colobose (1) ou Mutilation, c'est encore au
Dynamisme de donner à la surface malade
les dispositions nécessaires pour que le Système Vivant n'ait plus à souffrir de l'impression du *Non-Moi*. Quant à la *Prothèse*, elle ne
change en rien la Constitution du Système,
puisqu'elle n'est qu'une Rédintégration Pos-
tiche.

La Thérapeutique relative aux Maladies
dont le *Phénomène Initial* est dans la Force
Vitale, ne s'intéresse intentionnellement
qu'à cette Puissance. Le Médecin ne peut
l'atteindre tantôt qu'à travers le Sens Intime,
tantôt qu'à travers l'Agrégat Matériel ; mais

(1) De Κόλοβωσις, *Mutilation, Détroncation.*

les moyens qu'il emploie ne trouvent pas leur terme dans les intermédiaires.

Les Moyens Médicamenteux et les *Auxilia Chirurgica* sont dirigés d'après des vues ou Méthodes Thérapeutiques. Il est remarquable que la plupart de ces Méthodes, et peut-être toutes, sont instituées d'après des buts semblables à ceux où l'on vise dans la guérison des Affections Morales. Ce point, qui me paraît important en Thérapeutique, sera traité avec quelque soin.

X. *Histoire Chronologique de la Vie Humaine.* Quelque soin que nous ayons pris de signaler les Attributs et les Facultés de la Nature Humaine, nous ne nous en ferions pas une idée suffisante si nous ne connaissions pas cet événement dans sa durée, et si nous n'en examinions pas les points extrêmes et les phases de l'espace. Aussi tous les Physiologistes ont étudié le cours de la Vie, ses âges, son commencement et sa fin. Mais il est un point de cette étude qui a été négligé : c'est l'Histoire Respective Comparée et Parallèle des Trois Eléments. On a tout vu ensemble et sans analyse ; cependant l'Histoire Parallèle des deux Puissances obtient un résultat que peu de personnes ont aperçu. Je ferai voir que la durée de la Force Vitale a une forme bien différente de la durée du Sens Intime ; que la première de ces Puissances s'agrandit en intensité, se développe depuis zéro jusqu'à une certaine époque, où elle demeure presque stagnante, ou légèrement flottante ; qu'après cet apogée, elle décroît comme elle avait augmenté, et perd ses Forces de manière à marcher vers le zéro opposé, si elle n'est pas supprimée par un accident. Ainsi, cette Puissance, dans sa durée, peut être physiquement représentée par un fuseau. Le premier bout est zéro ; il est rare que le second conoïde aille jusqu'à cette pointe, parce que mille accidents tronquent le solide. Mais il n'en est pas de même de la durée du Sens Intime. Je ne puis pas fixer son origine, parce qu'il existait avant qu'il se soit montré. Il s'agrandit, lui aussi, comme l'autre Puissance ; mais son plus grand développement n'est point Synchrone avec celui de la Coopératrice ; il s'augmente long-temps après que la Force Vitale diminue. Bien plus, je ne sais pas s'il y a un second conoïde, ou conoïde décroissant pour le Sens Intime, et

par conséquent s'il doit se terminer en fuseau.
Je présenterai un grand nombre de faits
d'après lesquels il faudra conclure que la
Force Vitale est sujette à la vieillesse, et
partant à la mort, qui est le terme de cette
décroissance ; mais qu'il est impossible de
prouver que le Sens Intime soit *Sénescible*,
ou sujet à la vieillesse, et qu'il doit finir en
vertu d'une progression descendante.

Que de Centenaires qui ont conservé leurs
Facultés Intellectuelles, quoique la Parque
eût filé comme à l'ordinaire sous le rapport
de la Force Vitale ! VOLTAIRE a vu un phénomène de ce genre. Le 9 Janvier 1759,
une famille LULLIN, de Genève, célébra la
centième année de la Dame de la maison.
Le Poète porta son bouquet accompagné de
ce quatrain :

> Nos Grands-Pères vous virent belle ;
> Par votre esprit vous plaisez à cent ans.
> Vous méritez d'épouser FONTENELLE,
> Et d'être sa veuve long-temps.

On a beaucoup vanté ce passage de GŒTHE :
« Mon cœur se navre à l'aspect de cette Force
»dévorante qui réside dans le sein de la Na-

»ture. La Nature n'a rien fait qui ne consume
»à la longue son voisin, qui ne se consume
»soi-même; et lorsque, dans le vertige de
»mon inquiétude, je contemple le Ciel et la
»Terre, et leurs Forces Infatigables, je ne
»vois rien qu'un Monstre qui engloutit éter-
»nellement, et qui éternellement rumine. »
Si cette pensée était complétement exacte,
la manière de la rendre serait admirable.
L'image reste encore belle si on l'applique
aux productions de l'Art et à celles de la
Force Vitale. Mais elle cesse de nous enchan-
ter si on l'applique à la progression du Sens
Intime Humain, parce que l'idée est fausse.
Elle est en opposition avec le mot gracieux
et célèbre de Louis XIV à Mascaron, ce mot
que l'on croirait un compliment, et qui a dû
être une vérité physiologique. Ce Monarque
avait récompensé les talents du Prédicateur
âgé de 40 ans. Il eut occasion de l'entendre
de nouveau 24 ans après. A cette dernière
époque, Louis XIV lui dit avec tristesse :
»Mon Père, il n'y a que votre éloquence
»qui ne vieillit pas. »

Les probabilités que je rassemblerai en
faveur de l'*Insénescibilité* du Sens Intime de

l'Homme seront l'objet des réclamations de la part des gens impatients *qui expectabunt....* *in siti suâ*, et qui amasseront mille exemples contraires. Ils ne feront pas attention que la décadence est du fait des organes et de la Force Vitale, et ils ignoreront que, dans un très-grand nombre de cas, le Sens Intime se charge seul de la Solidarité de l'entreprise. Ils n'imagineront pas surtout que la Tristesse, la Perte dés Illusions, le Découragement, peuvent quelquefois imiter l'Impuissance, surtout aux yeux de ceux qui ne sont pas en état de discerner les cas, et qui ont oublié la pensée de MALHERBE :

Le plus beau de nos jours est dans la matinée ;
La nuit est déjà proche à qui passe midi.

XI. *Thanatologie.* La Doctrine de la Mort a été souvent étudiée aussi. Cependant il est quelques faits dont on n'a tiré aucun parti pour la Science de la Nature Humaine, qui était pourtant notre objet principal. Je fais en sorte de remplir quelques-unes de ces lacunes.

Par exemple, STAHL déclare qu'on ne peut point assigner une cause nécessaire de la Mort.

Dans son Dynamisme Unitaire cela se peut.
Mais quand on reconnaît la Dualité du Dynamisme Humain, la Mort doit être prévue
d'après la connaissance de la Constitution de
l'Homme ; car, si la Force Vitale procède suivant les deux conoïdes opposés par leurs
bases, vous voyez, *à priori*, que la Mort est
inévitable. D'un autre côté, nous savons que
le Sens Intime n'était uni avec l'Agrégat Matériel que par l'*intermède* de la Force Vitale,
ce qui est une Loi de l'Anthropopée.

Une autre chose digne d'attention, c'est que
la dissolution des Trois Eléments peut se faire
en un temps, ou en deux temps ; que la Mort
totale simultanée est rare ; que la Mort en
deux temps est assez commune. Dans ce dernier cas, la disparition du Sens Intime est la
première partie de la dissolution. Il faut examiner de près les cas où l'on a cru voir que
la Force Vitale avait disparu.

Voilà, Monsieur le Doyen, un Aperçu du
Travail qui m'a occupé l'année dernière. Je
vais vous présenter celui du Cours que je me
propose de faire dans le premier semestre de
l'année prochaine ; et cette Seconde Partie,
unie avec la précédente, vous donnera une

idée de ma manière de considérer la Science
de l'Homme. Car les Propositions Synthétiques
deviennent plus claires et plus certaines quand
elles sont appliquées aux faits particuliers dont
elles avaient été déduites.

CHRÉIOLOGIE (1).

J'ai donné à la Seconde Partie de la Physiologie le nom de *Chréiologie*, ou Science des
Fonctions. C'est une imitation du titre du beau
livre de GALIEN *De Usu Partium*.

Sous le nom de Fonctions nous ne compre-
nons pas seulement, comme on le fait d'ordinaire, les Opérations qui s'exécutent dans
l'Etat de Santé, et dont les résultats contri-
buent à la Conservation et au Bien-Etre de
l'Individu; nous y renfermons tous les Phénomènes que l'on observe chez l'Homme,
soit dans son Etat Normal, soit dans l'Etat de
Maladie; parce que tout Acte Vital, découlant de la Nature Humaine, est toujours une
Fonction relative aux besoins actuels du Dyna-

(1) De Χρεία, *Usage, Utilité.*

misme , et ne change pas de nom , lors même
qu'il est dégradé.

La Première et la plus Générale Division des
Fonctions est celle que GALIEN avait admise ,
en Fonctions *Privées* , et Fonctions *Publiques*.

Les *Fonctions privées* sont tous les Phénomènes qui se passent dans une partie et qui
ne se rapportent qu'à son existence particulière , abstraction faite des services qu'elle
peut rendre au Système Général. Plusieurs
Physiologistes du premier ordre , tels que
BORDEU , ont dit que chaque organe a sa manière de vivre. Cette idée , renfermée dans
certaines limites , est vraie et utile ; mais
adoptée sans restriction et sans commentaire ,
elle est hypothétique , fausse , nuisible à la
Science et à l'Art.

Si l'on en déduit que chaque organe a un
pouvoir propre , ou primitivement indépen-
dant , et que c'est la réunion de ces Individus qui constitue l'Agrégat Vivant Humain ,
comme l'ont fait les Organiciens , on tombe
dans une erreur qui est en opposition avec
l'origine de l'Individu , et avec tant de faits
qui prouvent l'Unité et la Personnalité Vitale
du Système. Mais elle sera conforme aux

Observations Médicales, si l'on considère chaque partie comme ayant une certaine manière
de se nourrir, de se conserver, de présenter
ses infirmités, sous l'influence d'une Providence de l'Entier qui vivifie tout, et qui a
donné à chacun son existence formelle.

L'étude de cette partie de la Chreïologie est
liée à celle de l'Anatomie Descriptive. C'est
la portion de la Physiologie qui s'accommode
le plus à la Méthode Anatomique. En joignant
ensemble ces deux études, on apprend plus en
détail les Fonctions Privées de chaque partie.
Mais pour que ce travail soit bien profitable,
il faut considérer la Partie Vivante sous les
points de vue suivants : 1° la manière dont
elle se nourrit ; 2° sa manière de répondre
localement aux impressions faites sur sa substance ; 3° les formes de dégradation dont elle
est susceptible ; 4° les relations particulières
et réciproques qu'elle peut avoir avec l'Unité
Vitale, c'est-à-dire : — a) l'influence qu'elle
exerce sur la Force Vitale, quand elle éprouve
un changement insolite ; et — b) l'influence
que la Force Vitale exerce sur l'organe, lorsqu'elle manifeste ses modes accidentels ; 5° les
relations particulières et réciproques que la

partie peut avoir avec le Sens Intime, c'est-à-dire : — *a*) l'influence qu'elle exerce sur lui dans des conditions déterminées ; et —*b*) celle que cette partie peut recevoir de lui.

Nous arrivons aux *Fonctions Publiques*, qui sont le sujet presque exclusif de la Physiologie dans les Traités Scolastiques de ce temps.

La Classification des Fonctions, à laquelle plusieurs Modernes ont mis une grande importance, nous a semblé d'autant plus utile, que les faits que nous y renfermons sont beaucoup plus nombreux que les leurs : ils n'y font figurer que les Fonctions Hygiéniques, tandis que, conformément au précepte d'HIP-POCRATE, nous ne pouvons étudier la Nature Humaine que d'après l'Universalité des Faits Anthropiques.

Les Classifications Modernes diffèrent beaucoup de celle dont je me sers. D'abord, elles sont fondées sur les faits, sans égard à leurs Causes. Ensuite, leur Auteurs paraissent avoir toujours pensé à les rendre Universelles, afin qu'elles convinssent autant aux Animaux qu'à l'Homme ; aussi elles sont plus adaptées à l'Histoire Naturelle qu'à la Médecine. La Nôtre

est fondée sur la considération des motifs qui
rendent les Fonctions utiles ou nécessaires,
et de l'initiative de l'une ou l'autre des Deux
Puissances Actives. J'espère qu'entre les re-
proches dont elle peut être susceptible, il n'y
aura pas celui de n'être point Médicale.

Il est possible qu'on aperçoive entre Notre
Chréïologie et celle de nos Contemporains une
autre différence, dérivant de nos tendances
respectives. Une Fonction complexe, qui se
termine par une *Opération*, se compose ordinairement d'un certain nombre d'actes simultanés et successifs, dont la source est dans le
Dynamisme Humain, et dont le concours
amène le résultat physique. Deux choses doivent être étudiées pour l'explication du phénomène : 1° l'impulsion ou le mobile qui agit,
joint à l'ordre, à la régularité, à l'importance
des actes; 2° les changements physiques qui
commencent et continuent l'effet. La première
de ces choses est ce que nous nommons la
Cause Agissante; la seconde est ce que Bacon
appelle le *Progrès Caché*. Or, ce qui nous occupe le plus, c'est la *Cause Agissante,* où sont
compris le mobile et les conditions des mouvements, parce que le concours simultané et

successif des actes est l'effet immédiat du Dynamisme dont nous avons un grand intérêt à connaître les procédés. Quant au *Progrès Caché*, il est tellement subordonné aux Puissances Actives, que les mutations internes de la matière ont peu de relation avec les Lois de la Mécanique et de la Chimie; de sorte que ce Progrès Caché est fondu avec le Procédé Vital.

Les Physiologistes qui marchent dans une autre direction, s'occupent peu des procédés du Dynamisme Anthropique, et ils font tous leurs efforts pour faire apercevoir des relations entre ces *Progrès Cachés* et ceux des Phénomènes Physiques ou Chimiques dont les résultats ont quelque ressemblance avec les Phénomènes que nous devons étudier. Les vérités qu'ils aperçoivent d'après leurs recherches, sont acceptées par nous avec reconnaissance; mais nous nous gardons bien de négliger l'étude des procédés du Dynamisme, d'autant que le Mécanisme, qui est en général vague, indéterminé, peu précis dans le cadavre, acquiert sa perfection dans l'exercice de la Fonction, sous l'action de la Force Vitale qui dirige chaque molécule.

J'ai fait en sorte de renfermer tous les Faits Anthropiques dans les dix Catégories suivantes : I. Fonctions Economiques ; II. Fonctions Automatiques ; III. Fonctions Psychiques, ou Purement Psychologiques ; IV. Fonctions Pananthropiques ; V. Fonctions Pathétiques ; VI. Fonctions Spondématiques ; VII. Fonctions Vésaniques ; VIII. Fonctions Génératrices ; IX. Fonctions Syzygiques ; X. Fonctions Catalytiques.

Des Définitions et quelques Remarques suffiront pour faire sentir l'intention générale de ce Cours.

I. *Fonctions Economiques*. Je nomme ainsi tous les Phénomènes qui se passent dans le Système Vivant sans que le Sens Intime y participe, et qui font la plus grande partie de ceux que les Anciens appelaient *Fonctions Naturelles*. La dénomination que j'impose à ces Fonctions provient de ce qu'elles se rapportent uniquement aux intérêts du Système Vivant. Ce ne sont que des affaires de ménage, sans aucune relation avec les objets extérieurs. La Puissance Vitale les opère ; le Sens Intime y est étranger. L'Innervation, la Calorification, la Génération de Divers Impon-

dérables, la Circulation, les Mouvements Internes des Fluides, la Nutrition, les Sécrétions
Liquides ou Fluides, les Concrétions, les Inflammations, les Altérations de Substances,
tous les Phénomènes Actifs ou Opératifs, soit
Conservateurs, soit simplement Manifesta-
teurs, composent cette Division.

Pour que les Fonctions renfermées dans
cette Classe répondent à son titre, il est nécessaire de scinder certains enchaînements
formés par des actes qui tendent au même but,
mais qui ne procèdent pas des mêmes Auteurs.

Ainsi, les Physiologistes comprennent sous
le nom de *Digestion*, des actes que prescrit et
que gouverne la Volonté, et d'autres auxquels
la Volonté ne peut rien. Nous ne pouvons
mettre dans cette Première Classe que les actes
de la Digestion qui, datant de la seconde partie
de la Déglutition, commencent à l'action de
l'œsophage, et continuent jusqu'à l'accumula-
tion des matières fécales au bas du rectum. La
Préhension, la Mastication, l'Insalivation, la
Gustation, et toutes les autres Fonctions Préparatoires jusqu'à l'acte volontaire de la Déglutition, appartiennent à une autre Catégorie.

Nous devons en dire autant de la Respiration. Vulgairement on met sous ce nom les mouvements qui ne sont pas précisément volontaires, et qui peuvent être arrêtés par la Volonté; et l'opération naturelle qui fait que le sang des poumons est changé par l'influence de l'Oxygène. Il n'y a que cette dernière Fonction que je puisse admettre dans la Classe des Fonctions Economiques : les premières seront placées dans d'autres divisions, selon que le Sens Intime les dirige, ou ne met point d'obstacle à leur exécution.

Si l'on dit que des fractions pareilles sont inutiles, et que hâcher ainsi des séries d'actes étroitement unis, c'est rompre la liaison des idées les plus communes ; je répondrai que ma conduite est forcée par l'objet formel de la Science. Je cherche à connaître la Nature de l'Homme ; j'en détermine les Eléments ; j'aspire à connaître dans chacun la part qu'il a dans la formation d'un Phénomène quelconque. Ce qui doit le plus m'occuper dans cette exposition synthétique, c'est de faire comparaître devant chaque *manière d'être* du Dynamisme tous les faits qui en proviennent.

II. *Fonctions Automatiques.* Je renferme dans cette Classe les Fonctions que l'Instinct opère, soit en sollicitant le Sens Intime à les exécuter par entraînement; soit en les exécutant directement au moyen d'Organes Volontaires, sans que le Sens Intime y ait participé ni consenti; soit en dépit de l'opposition de ce dernier, lors même qu'une Sensation aperçue par lui aurait été au nombre des Causes Provocatrices.

Pour rendre la définition plus claire, donnons des exemples de tous ces cas. La Faim, la Soif, la Démangeaison, ou tout autre Appétit Sensuel, nous sollicite à faire des actes au moyen desquels il puisse être satisfait. Le Sens Intime peut y résister; mais il est pénible de lutter sans cesse contre un ennemi qui nous harcelle; la violence de l'attaque peut nous faire succomber, ou son opiniâtreté peut nous vaincre de guerre lasse. Mais cette défaite n'est point néanmoins une Fonction Automatique : il y avait Liberté et Volonté.

En opposition considérons les Phénomènes suivants. Le Hoquet, les Epreintes sont des Fonctions Automatiques, que l'Instinct opère souvent sans l'intermédiaire du Sens Intime.

La Respiration se fait par la même Puissance. La volonté n'y est pour rien. Il y a de sa part une tolérance tacite, puisqu'elle ne s'oppose pas à l'action d'organes qui sont à sa disposition ; mais encore une fois la Fonction est purement Automatique.

La Toux, l'Eternuement, les Sanglots, le Rire, sont opérés par la Force Vitale. Dans chacune de ces fonctions, des organes assez éloignés concourent à l'action, ou simultanément, ou successivement, par une Synergie Primitive, étrangère à la Volonté. Assez souvent le Sens Intime ressent le Besoin Instinctif de la Fonction. S'il s'associe à l'opération, le résultat peut être modéré, retenu, modifié ; mais s'il veut la supprimer, il lui arrive souvent de perdre sa peine.

Quoique ces Fonctions proviennent de la Force Vitale seule, je n'ai pas pu me résoudre à les mettre à côté des Fonctions Economiques. Les organes employés par ces opérations, la régularité synergique des actions de ces instruments, la faculté qu'a le Sens Intime de résister, au besoin, de suspendre la Fonction ou de la modifier, la part qu'il a pu avoir à la formation de la cause provocatrice par une sensation, rappellent trop les caractères des Fonctions commencées et dirigées par l'Intelligence pour qu'on puisse les assimiler aux *Naturelles*. Mais aussi je ne saurais placer ces mêmes Fonctions parmi les Volontaires, les Arbitraires, les Actions sur lesquelles pèse toute la Responsabilité. Telles sont les raisons pour lesquelles j'ait fait la Catégorie actuelle.

Puisque les Fonctions Automatiques sont l'effet de la Faculté Vitale nommée *Instinct*, il convient de placer ici toutes les Propensions qui expriment les Suggestions de cet Instinct, soit qu'elles obtiennent leur satisfaction, soit que le Sens Intime y résiste. On conçoit que l'Histoire des *Morosités* est du ressort de cette partie de Chréïologie.

III. *Fonctions Psychiques ou Purement Psychologiques.* Je me suis décidé à faire une Classe à part des Fonctions Pures du Sens Intime, pour préserver nos Élèves d'une opinion que certaines Sectes veulent faire prévaloir : c'est que toute Idée, toute Opération Mentale a son initiative dans les Dispositions Vitales Actuelles. Je ne voudrais pas que la Physiologie Humaine s'associât à des intérêts si contraires à la Morale.

Il est évident pour tout Homme de bonne

foi que, dans l'état de Veille, et au milieu de toutes les conditions qui constituent la Santé, le Sens Intime possède en soi des idées en puissance ; que librement il en rend quelques-unes présentes et laisse les autres dans l'ombre ; qu'il les combine à volonté, ou pour les contempler, ou pour les mettre en œuvre afin qu'il en sorte de nouvelles notions ; qu'il continue cet exercice autant de temps qu'il le veut, et qu'il change de sujet suivant son plaisir. Nous savons bien que, dans l'enchaînement des idées, le Cerveau, vivifié par la Force Vitale, n'est point inactif, inerte, et qu'une fixité absolue de cet organe peut arrêter le cours de la pensée ; mais, en convenant de tout cela, il ne faut pas oublier que le premier acte est du fait du Sens Intime ; que le gouvernement de la série des idées appartient encore à la même Puissance ; que, par conséquent, l'initiative et la direction sont antérieures à l'opération de la Force Vitale et de son Instrument. Il y a donc des Fonctions Purement Psychologiques, c'est-à-dire, pour lesquelles aucun des autres Eléments du Système n'est indispensable. Supposez-les aussi courtes que vous voudrez, leur date me suffit.

H

L'objet principal de l'étude des Phénomènes de cette Classe, est de reconnaître tous
ceux qui doivent être considérés comme tels,
de les distinguer de ceux qui proviennent
d'ailleurs, de chercher à déterminer d'après
les faits jusqu'à quel point l'Action Mentale
peut se passer de la coopération des autres
Eléments.

IV. *Fonctions Pananthropiques* (1). Le nom
ordinaire des Fonctions de cette Quatrième
Classe est *Fonctions Animales,* expression que
GALIEN emploie. Ce nom devient équivoque
dans une Physiologie rigoureuse. D'abord, il
n'exprime à proprement parler que les faits
mentionnés dans la Troisième Catégorie.
Les Fonctions Psychologiques ne rappellent
qu'une seule cause. Les Fonctions Animales
n'en rappellent pas d'autre étymologique-
ment. J'ai donc voulu que ma dénomination exprimât le concours de tous les Eléments
constitutifs de l'Homme : du Sens Intime,
Souverain; de la Force Vitale, Exécutrice; de
l'Agrégat Matériel, Instrument.

D'ailleurs, l'expression *Fonctions Animales*

---

(1) De πᾶν, *Entier*, et de Ἄνθρωπος, *Homme.*

est employée dans la Physiologie Comparée où elle est très-bien placée. J'approuve fort qu'on s'en serve pour les bêtes, et que leurs Fonctions de Relation soient nommées *Animales*, c'est-à-dire, produites par l'*Anima Brutorum*, ainsi que parle WILLIS. Mais, comme j'ignore si cette cause est de la même nature que celle de notre Sens Intime, ou si l'*Anima Brutorum* n'est pas un Instinct beaucoup plus développé que le nôtre, et par conséquent une Faculté de la Force Vitale; j'évite un langage qui compromettrait la Physiologie Médicale, dont je voudrais que chacun des termes fût à l'abri de toute contestation.

Les Fonctions Pananthropiques sont les suivantes : 1° les Sensations ; 2° l'Appréciation de la Sensation de la part de chacune des Puissances ; 3° la Conversion de la Sensation en Idée ; 4° les Combinaisons des Idées, ou l'Exercice de l'Entendement ; 5° l'Action de la Volonté ; 6° l'Exécution des Actes par cette Volonté.

Dans chaque Fonction Pananthropique, il faut s'appliquer à en déterminer d'abord l'initiative. Ensuite, il convient d'examiner quel est l'Elément dans l'intérêt duquel la Fonc-

tion est entreprise. Enfin, on analyse l'opération dans tous ses détails ; on fixe dans tous
les instants la part que chacun des Eléments
y apporte, afin que, si la Fonction est vicieuse,
on puisse assigner quel est le lieu où réside
le mal, quel est l'Agent ou l'Instrument qui
est en défaut. Cette analyse est aussi importante que difficile, comme on peut le voir
quand il s'agit de déterminer les divers cas
d'imperfection de l'action de parler.

Les Fonctions Pananthropiques ne sont ici
étudiées que dans l'état de Veille, et lorsque
les Deux Puissances sont exemptes de toute
Passion. Si elles sont atteintes de ce mode
affectif, les Fonctions prennent un autre caractère et me paraissent avoir besoin d'une
Catégorie Spéciale.

V. *Fonctions Pathétiques.* Je donne ce nom
aux Fonctions Pananthropiques qui ont été
altérées par une violente Passion. Pour justi-
fier l'institution de cette Classe, il faudra s'arrêter quelque temps sur la Théorie des Etats
Complexes que l'on appelle *Passions de l'Ame.*

Une Passion Complète est la complication de
Deux *Affections* Corrélatives des Deux Puissances Humaines, plus la Coopération de l'Agré-

gat. Chacun de nos trois Eléments peut avoir l'initiative d'une Passion, et, dans chaque cas particulier, il est indispensable de déterminer quel est celui d'où elle part.

Il y a des Passions Incomplètes, qui s'arrêtent à une des Deux Puissances; de sorte que l'autre ne s'associe pas à sa congénère. Pour que la Passion mérite ce nom, il faut que les deux états pathétiques respectifs coïncident et se lient.

Une Passion arrivée à son état peut altérer tous les actes d'une Fonction Pananthropique : le Sens Intime n'est plus gouverné par l'Entendement Pur, mais par un intérêt que la Raison aurait condamné; la Volonté n'est pas ferme, parce que les motifs sont variables; la Liberté est plus ou moins gênée; la Force Vitale n'est pas en état d'obéir avec la promptitude et la proportion normales; les instruments mêmes ne possèdent pas l'*Euchrestie* (1) du moment.

Or, chaque Passion présente des formes *fonctionnelles* caractéristiques. C'en est assez pour renfermer dans une Catégorie Spéciale

(1) De Εὐχρηστια, Facilitas utendi, *l'Organisation convenable pour bien fonctionner.*

les phénomènes qui dépendent de ces modes du Dynamisme.

L'étude des Fonctions Pathétiques est fort intéressante. La plus haute importance qu'on doit y voir, c'est celle de nous apprendre jusqu'à quel point les Passions peuvent égarer la Raison et borner la Liberté. La Morale, la Législation, la Magistrature nous interrogent. C'est à nous à répondre consciencieusement pour l'Humanité et pour la Société.

La Théorie des Passions et de leurs effets peut éclairer singulièrement celle des Beaux-Arts. Je ne parle pas seulement des Arts Dramatiques, qui sont essentiellement la répétition factice des Fonctions Pathétiques; mais encore des Arts dont le but technique est de faire naître dans les Deux Puissances Actives de l'Homme des états pathétiques simultanés, pour produire en nous des Passions Artificielles de toutes pièces, sans le secours des événements humains qui les provoquent dans notre âme. Je cite pour exemples la Poésie, la Musique, le Clair-Obscur Pittoresque Æsthétique, l'Harmonie des Couleurs, l'Architecture. Je ferai en sorte d'expliquer en cela toute mon idée.

VI. *Fonctions Spondématiques.* On doit se souvenir que les circonstances où les Deux Puissances de l'Homme exercent normalement les Fonctions Pananthropiques, sont l'état de Veille et celui de Santé. Mais on se souvient aussi que dans l'état de la Santé la plus parfaite, et dans divers états de Maladie, la Collaboration des deux Puissances se suspend ou change pendant un certain temps. Les Suspensions et les Altérations de la Collaboration Normale nous présentent des Fonctions Pananthropiques Erronées qui méritent un nom et une Classe à part. On appellera *Spondématiques* celles qui ont lieu dans le Sommeil Normal, et *Paraspondématiques* toutes celles où les Trèves de l'*Alliance* des Puissances ne se bornent pas à celle de ce Vrai Sommeil.

La Théorie du Sommeil, de ses circonstances, de ses relations avec les diverses maladies, de ses Songes, etc., est l'objet d'une étude fort utile pour le Médecin. Il peut y apprendre quelles sont les limites et les conditions de cette Trève, et par conséquent, il peut assigner les phénomènes qui n'appartiennent plus à la Santé et qui sont des infractions à la Loi.

Quelque nombreux que soient les délits, on est parvenu à les classer. Il doit en être de même des Phénomènes Paraspondématiques. J'essaierai donc alors de les distribuer suivant quelque Ordre commode.

Dans l'*Alliance* Légitime, les Sensations qui font connaître au Sens Intime une impression provenant de l'action du *Non-Moi*, ne peuvent avoir lieu que lorsque l'impression est bien réelle. Si la Sensation est mensongère, la Force Vitale a rompu les lois de l'Alliance, les Hallucinations sont donc Paraspondématiques.

Certaines Fonctions Pananthropiques, exécutées pendant les paroxysmes de diverses Maladies Extatiques, exigent une Théorie soignée, sous peine de ne rien comprendre aux symptômes de ces Etats. La Maladie qu'HIPPOCRATE appelait *Aphonie*, et que SENNERT a continué de désigner sous ce nom, peut servir d'exemple.

Dans bien des cas de *Coma Vigil*, on voit chez le malade des rêvasseries délirantes. Ce ne sont ni de simples Songes, ni une vraie Aliénation Mentale. Il est aisé de rappeler la Collaboration Légitime, en excitant le Sens Intime.

Les Aberrations survenues à la suite des

liqueurs enivrantes et de certains poisons, nous montrent des Fonctions de ce genre.

Le Somnambulisme, soit Spontané, soit Provoqué, soit complet et court, soit long et presque inaperçu, nous fait voir les individus dans un monde fictif où ils pensent, parlent, sentent, agissent bien autrement que dans le monde réel. Il faut une Catégorie pour leurs Fonctions Pananthropiques.

VII. *Fonctions Vésaniques.* Les Sensations, leur Appréciation, la Logique, les Affections, la Volonté des Aliénés et des hommes atteints de Délire Fébrile, prouvent évidemment que chez eux les Deux Puissances ne sont plus dans leur Relation Normale. Leurs Fonctions Pananthropiques obéissent à des lois bizarres, ou suivent des impulsions anarchiques; de sorte que les formes de ces phénomènes ont besoin d'une place à part, et leur enchaînement d'une autre Théorie.

Mais cette idée de rupture de l'ordre ne suffit pas. Je crois pouvoir trouver dans les Affections des Deux Puissances, et dans les Altérations dont le Mécanisme est susceptible, des sources de différences essentielles. La Pensée s'exerce par la Coopération d'un Agent

Intelligent susceptible d'affections , et par conséquent faillible ; d'un Exécutant Actif, habituellement obéissant, mais parfois inexact, affectible, sujet aux Morosités , aux Hallucinations, etc., et par conséquent indocile ; d'un Instrument très-sujet à se détraquer. Si la Pensée est viciée, à qui la faute? Voilà le problème qu'il faut résoudre dans chaque cas.

Un très-grand nombre de faits me paraissent se rapporter à Une de ces Causes ; plusieurs à une réunion de Deux , et d'autres à toutes les Trois à la fois.

Les Méthodes Curatives nombreuses qui ont été employées avec succès, me semblent pouvoir être rapportées à ces Causes. J'analyserai plusieurs des Cures bien connues, et je ferai voir les relations qui existent respectivement entre ces Causes et leurs Traitements.

VIII. *Fonctions Génératrices.* Ces Fonctions sont renfermées dans celles qui se rapportent à la Procréation. Elles commencent aux premières Impulsions Sexuelles , jusqu'à la Cessation de l'Allaitement , époque où les Relations *Biologiques* de la Mère et de l'Enfant sont finies.

Les tendances réciproques des deux individus sont la source de Fonctions Pananthropiques; mais ces Fonctions ont leur origine dans une complication d'intérêts des Deux Puissances, si différents de ceux qui nous dirigent dans tout le reste de la vie, qu'il leur faut une Classe particulière. Quand la Coopération des deux individus est terminée, il se passe chez la Mère une série de Fonctions Purement Vitales; mais je n'ose plus les nommer Economiques, parce que ce qui se fait n'est plus dans l'intérêt de ce Système, mais dans celui d'une Création.

Lorsque l'Enfant est né, la Mère remplit en sa faveur des Fonctions de Relation; mais encore ici les Motifs Intéressés, Instinctifs, Affectifs, Moraux, constituent une spécialité qui met ces Fonctions hors de rang. Au reste, personne ne me blâmera d'avoir adopté cette Catégorie, puisque tous les Physiologistes en ont fait autant; mais il y a plus, ils ne l'ont considérée que sous le rapport du but de ces Fonctions, tandis que, fidèle à mon Plan, je la justifie par le Mode Spécial de la Cause qui les opère.

Le nom de cette Famille ne rappelle pas

seulement son but, mais encore son chef.
Il s'agit ici de porter notre esprit sur cette
vérité : que l'Opération Génératrice ne ressemble à aucune de celles qui s'exercent dans
un Etre Vivant. Métaphysiquement parlant,
engendrer un Etre qui ait son Unité et une
Aptitude à se conserver, à s'accroître, à présenter toutes les phases de la vie, n'est pas
une idée qui puisse s'unir avec l'idée de
Nutrition, de *Contraction*, de *Sensibilité*, ni
de quelque autre notion du Dynamisme
Vital. Expérimentalement parlant, la Nutrition n'est pas liée nécessairement ni propor-
tionnellement à la Génération, puisqu'il est
bien des Etres qui sont Stériles, et qui néanmoins se nourrissent parfaitement : témoin
mille Entozoaires bizarres qui sortent de notre
corps et qui ne peuvent pas se propager;
témoin les Mulets, etc.

Si l'on veut chercher, dans la notion de la
Génération une formule qui exprime l'essence de ce Phénomène dans tous les Etres
Vivants, on n'en trouve point qui puisse
faire allusion à un Fait Physique, à une Idée
Concrète, ni à une des autres Facultés Vitales reconnues. La seule qui soit exacte, cc

sera celle qui rendra rigoureusement cette vérité : que dans la Génération, une Puissance Vivante Unitaire crée et tire d'elle une autre Puissance Unitaire, virtuellement semblable à elle-même, capable de construire successivement un Agrégat pareil à celui (Simple ou Double) où la Création Vitale a été faite.

Il ne faut pas confondre la *Procréation* Vitale ou *Génération*, avec la *Séparation* de l'Agrégat Engendré d'avec le Générateur.

Dans les Espèces Monogènes nous ne connaissons pas l'instant de la première, et nous sommes témoins de la seconde. Ainsi, dans celles où la Séparation se fait par une *Scission* Spontanée, l'instant de la Génération ou de la Dualité des Puissances nous est inconnu. La Séparation est une sorte de *Parturition*. Une *Partie Vivante qui se sépare du Type* ne représente point la Génération, mais seulement l'Emancipation Définitive de l'Engendré. Quelle est la date de la Dualité des Puissances Unitaires ? Dans les Monogènes Gemmipares, les moyens de Propagation, quels qu'ils soient, sont-ils des Engendrés doués du Dynamisme Personnel, ou bien des Habitacles préparés à l'avance ?

Qui a fait la première demeure ? Est-ce le Générateur qui la préparait pour une Puissance Future ? Est-ce le Pouvoir Engendré lui-même qui a réuni et disposé les matériaux de son domicile ? Il est impossible de répondre. Ce qu'il y a de vrai, c'est que lorsque le bourgeon est complet, il s'est opéré une *Eduction* du sein de la Force Vitale, et que l'Engendré a été muni, dès l'origine, de toutes les Facultés nécessaires pour qu'il pût devenir, tôt ou tard, égal au Générateur. Ainsi, le rameau a eu le pouvoir de faire ses racines au besoin, et le tronçon de Polype, les bras, la bouche, ou le tube, qui lui manquent.

La formation d'un Engendré n'est donc pas l'extension de la Nutrition. Quand le Générateur serait devenu un géant, il n'aurait pas de descendant, si la Force Vitale n'avait pas opéré un Acte Spécial de Création Plastique. Je ne connais point d'Espèce où l'on puisse dire que l'Activité du Pouvoir Générateur soit proportionnelle à l'Exubérance de la Nutrition.

La Génération des Espèces qui ont deux sexes confond les Théories fondées sur quelque autre Faculté que celle de la *Faculté Génératrice*, Pouvoir *sui generis*. Quelle est la Cause qui a séparé les Sexes? Elle est encore dans cette Force Vitale dont je ne connais que les effets. La raison de cette séparation est si abstruse, que, dans certaines Espèces Digènes, il est anatomiquement impossible de distinguer le Mâle d'avec la Femelle, et qu'il faut attendre les résultats de l'Union pour savoir quel est l'Etre qui a reçu. Qu'est-ce que cela fait à la Nutrition?

Quant aux appareils qui constituent les œufs soit internes soit externes des Femelles, il est évident qu'ils n'ont aucun rapport avec les intérêts de la Mère. Tout s'est fait en faveur de celui qui n'existe pas encore. Que l'œuf soit partie intégrante de la Mère, et que les préparatifs soient faits par l'Unité Générale de celle-ci; ou qu'il ait déjà une Vie indépendante qui se maintient, se conserve, et dispose les choses suivant un événement futur contingent : je vois en tout cela une Opération Spéciale et Expresse d'un Dynamisme Vivifiant doué de diverses Facultés, et je me garde bien de la regarder comme le résultat naturel d'une Fonction

Economique quelconque d'un autre genre.

L'Attraction Réciproque des Deux Sexes entre dans l'expression de la Faculté Génératrice et cette circonstance est un de ses traits caractéristiques.

Une dernière raison qui doit faire sentir combien la notion la plus élevée de la Génération est Métaphysique, et nous force à ne la voir que dans l'acte de la Dualité du Dynamisme, c'est la conséquence découlant de l'opinion qui court depuis quelques années. On dit que *l'Animal le plus élevé dans l'échelle des Etres passe par tous les Etats Intermédiaires, et qu'au moment de la Fécondation, il se trouve précisément au point de départ, au degré le plus inférieur de l'Animalité.* Il est donc bien clair qu'aucune Organisation de l'Engendré n'est la Cause de son Pouvoir ; car, si la Puissance était l'effet de l'Organisation, l'une et l'autre resteraient stagnantes. Mais puisque le Pouvoir porte en lui la Faculté de changer successivement les Formes du Corps, ce Pouvoir n'est point une partie de l'*Agrégat* Tronc, mais seulement une émanation d'un Dynamisme doué de Facultés Progressives.

IX. *Fonctions Syzygiques.* J'ai voulu rappeler l'Histoire Chronologique de la Vie Humaine, et placer dans cette suite la Naissance des Fonctions Durables, l'Apparition et la Disparition des Temporaires. Les Ages sont considérés comme des points fixes. La Vie Intra-Utérine, l'Enfance, la Puérilité, l'Adolescence, la Jeunesse, la Virilité, la Première Vieillesse, la Caducité, la Décrépitude, sont des Epoques auxquelles il faut rapporter les changements notables qui surviennent dans le cours de la Vie. La Création et l'Apparition du Produit de la Conception ; la Formation et le Développement des Organes ; la Révolution de la Circulation lors de l'Etablissement de la Respiration ; la Première Dentition dans l'Enfance, la Seconde vers la fin de la Puérilité ; la Puberté dans l'Adolescence ; l'Exubérance de la Force Génératrice dans la Jeunesse, etc., sont des Fonctions *jointes* avec les Epoques indiquées, et c'est cette coïncidence d'apparition qui a été la cause de la dénomination de la Catégorie.

La Naissance et l'Extinction du Pouvoir Générateur se montrent par des signes *à priori*, soit que les individus usent de cet avantage, soit qu'ils s'en abstiennent. J'ai donc placé ces Phénomènes entre les Fonctions Syzygiques , parce qu'ils ont leur rang dans le Système Humain indépendamment de l'emploi procréateur

Je désire que, dans toutes les phases de la Vie, jusqu'au dernier moment, les Deux Puissances soient comparées, afin qu'à tous les instants je puisse connaître leurs moyens et leurs rôles respectifs , non-seulement dans les cas où elles doivent coopérer ensemble, mais encore dans ceux où chacune ne peut influer sur l'autre que par ses affections actuelles ou habituelles.

X. *Fonctions Catalytiques*, ou phénomènes de la Résolution Définitive.

J'ai déjà dit que la Mort est souvent un phénomène assez complexe pour mériter une Histoire détaillée. Cet examen est encore plus nécessaire dans la Chréïologie, où la liaison des faits successifs , en un mot, le *Progrès Caché*, est une partie essentielle de son but.

La Mort la plus ordinaire est assez lente et assez progressive, pour qu'un Médecin qui en a été le témoin ne puisse avoir aucun doute sur sa réalité. Mais les Morts Violentes et Subites ne sont pas toujours assez évidentes : la Mort Apparente peut les imiter au point que la réalité et l'apparence soient presque indiscernables. Un grand effet de nos recherches sur cette matière est de distinguer par des signes suffisants la Mort Vraie d'avec la Mort Apparente.

Le problème présenté dans ces termes ne me paraît pas suffisant, je voudrais en proposer un autre. Pourrait-on déterminer, pratiquement, si le Sens Intime a disparu du Système d'une manière irrévocable, quoique la Force Vitale soit encore présente ? La solution de cette question, si elle était affirmative, nous dispenserait de beaucoup de précautions souvent nuisibles aux Vivants.

La distinction entre le *Trépas* et la Mort Complète, et celle qui existe entre le Sens Intime et l'Instinct, qui est une Faculté de la Force Vitale, sont des vérités qu'il convient de reproduire, parce qu'elles ne sont pas assez répandues. L'oubli de ces connaissances a été la source d'une opinion professée par SŒMMER-RING et par quelques autres, qui ont prétendu que le Sens Intime était encore présent à une tête récemment détachée du corps vivant.

Après la Disparition Définitive du Sens Intime, la Force Vitale peut rester dans le Système pendant un temps indéterminé, et y produire des Phénomènes Vitaux plus ou moins singuliers. Ces faits recueillis dans les collections désignées sous les noms de *Miracula Mortuorum*, sont au nombre des Fonctions Catalytiques.

Nous recommandons à nos Disciples de s'en instruire sérieusement, afin de ne pas tomber dans une incrédulité ridicule lorsque des Phénomènes de ce genre se présentent. Beaucoup de ceux qui ont été consignés dans le Livre de GARMAN équivalent à une *Eruption de la Petite-Vérole* chez un Enfant de six ans, treize heures après la Mort, que M. le Docteur CHANSAREL, de Bordeaux, vient de publier (1).

La Formation des Vers dans le Corps *Trépassé* (2), ne serait-elle pas l'effet d'une Zoopoïèse Morbide Catalytique, développée après l'Extinction de la Quiescence de la Force Vitale ? Ce fait serait de la même Catégorie que l'Eruption Varioleuse dont je viens de parler.

(1) Bordeaux, 1840, chez BALARAC, jeune.
(2) Je me sers de ce mot pour raccorder le Langage avec les Idées énoncées

Après l'Extinction de la Force Vitale, nous ne devons pas négliger l'étude des Décompositions et des Recompositions Ultérieures qui ont lieu successivement, jusqu'à ce que les Atomes qui formaient le Cadavre soient parvenus à leurs principes.

L'Exposition rapide de ce Cours doit être terminée par un Epilogue qui fera remarquer à l'Auditeur la Conformité de cette Doctrine avec les Règles de la Philosopie Naturelle. On y verra que nos Propositions Fondamentales, relatives au Dynamisme, sont des faits incontestables, et non des natures supposées ; que notre Scepticisme sur les Essences est aussi rigoureux que celui de PYRRHON, et que la chose dont nous nous occupons est ce dont il n'est permis à aucun Philosophe Sérieux de douter ; que s'il existe ici quelques Propositions *Probables*, nous ne craindrons pas de les caractériser ainsi, parce qu'en dépit de l'ancien Pyrrhonisme, nous honorons une recherche qui est la base de l'Existence Sociale ; mais nous en plaçons les résultats dans une Catégorie Accessoire, loin de la Catégorie des Propositions Fondamentales.

Des Ennemis de notre Doctrine, qui n'ont

pas pu la réfuter, cherchent à la déprécier en disant que les Principes en sont *nébuleux*. On fera voir que ces Aristarques ressemblent trop aux Druides : ces Prêtres croyaient voir dans la Lune les nuages qui obscurcissaient l'atmosphère où ils vivaient.

Si l'on exalte l'Eclectisme en notre présence, il nous est permis de regarder l'Hymne comme un Eloge indirect de notre conduite. Notre Doctrine est en contraste parfait avec les Systèmes de Médecine Hypothétiques. Elle n'admet que les faits et les propositions inductives qui sont des faits généraux et abstraits : par conséquent, elle est l'Eclectisme personnifié. Si un Zélateur de l'Eclectisme avait l'intention de changer nos directions, nous n'aurions garde de suivre ses conseils. Nous le considérerions comme un Pyrrhonnien Sophiste, qui nie les Premiers Principes, qui doute s'il veille ou s'il rêve, et qui, suivant la pensée d'un Auteur spirituel, « mé-» content de la lumière du soleil, veut se crever » les yeux pour chercher une lumière plus » pure (1). »

(1) Emile Saisset, Professeur de Philosophie ; V. *Ænésidème*. Paris, 1840, grand in-8°, p. 92-95.

Une Science de cette portée peut n'être pas Populaire. Nous nous en consolerons si elle est cultivée par les Savants. Nous dirons d'elle ce que M. DE VAURÉAL, Evêque de Rennes, disait de notre Langue à l'Académie Française, dans son Discours de Réception (1). Après avoir parlé de l'avantage qu'a cet Idiome d'être la Langue dominante de toutes les Cours de l'Europe, il ajoute : « Aujourd'hui, Mes-
»sieurs, je vous apporte un hommage diffé-
»rent, et peut-être plus flatteur : en Espagne
»on ne parle presque point notre Langue,
»mais on y lit avec avidité les Livres Français :
»c'est qu'on aime mieux apprendre de vous
»à penser qu'à parler. La Langue Française y
»est traitée comme les Langues Savantes,
»qu'on étudie, qu'on approfondit, non pour
»en faire un usage ordinaire, mais pour y
»trouver de parfaits modèles.»

Je fais des vœux pour que la Doctrine ici enseignée soit aussi restreinte que l'était autrefois l'Idiome Français, afin qu'elle n'ait

(1) Le 25 septembre 1749.

pas à craindre, de la part d'un Vulgaire peu
instruit, la dégradation de ses Idées et la
corruption de son Langage (1).

Telles sont, M. LE DOYEN, les Idées qui
m'ont occupé dans mon Cours Dernier et qui
m'occuperont dans le Cours Prochain. L'em-
pressement que j'ai mis à vous satisfaire,
rendra cette Esquisse plus confuse et plus
incorrecte qu'elle ne l'aurait été si j'avais
travaillé avec plus de lenteur. Dans tout cela
je ne regrette que votre temps. Celui que vous
m'avez refusé, vous serez obligé de l'em-
ployer à me lire. Si j'avais eu plus de loisir,
j'aurais pu trouver des Propositions Doctrinales plus significatives ; j'aurais pu les resserrer, les mieux coordonner, leur donner plus
de clarté et d'énergie ; par conséquent, mon

---

(1) « L'esprit du Vulgaire, » disait l'Abbé TERRASSON,
« ressemble à ces feuilles d'or qui deviennent plus minces
» à mesure qu'elles s'étendent, et qui perd ordinairement
» en profondeur ce qu'il gagne en superficie. » *Eloge de*
TERRASSON *par* D'ALEMBERT.

Travail aurait pu être moins long et plus net.
Ce qui me console , c'est de penser qu'en
adressant à vous seul un écrit où il s'agit
d'une Science qui vous est familière et dont
les Principes nous sont communs , il ne vous
sera pas difficile de corriger mentalement mes
fautes et de deviner mes omissions.

J'ai l'honneur d'être ,

MONSIEUR LE DOYEN ,

votre très-humble et très-obéissant serviteur

LORDAT.

TABLE ANALYTIQUE

DES MATIÈRES (1).

(1) Faite par le Docteur H. Kühnholtz.

(141)

K

(146)

(147)

(148)

(1) C'est par inadvertance que M. LORDAT avait cru voir quelque analogie entre ses idées et celles de M. JULES GUÉRIN, sur cet objet ; elles sont, en effet, encore plus différentes que ne le ferait penser le texte, même corrigé d'après l'*Errata*. (KÜHNHOLTZ).

FIN DE LA TABLE DES MATIÈRES.

ERRATA.

Page 90, ligne 1, *au lieu de* presque décrit, *lisez* presque entrevu....

— 94, — 21, *au lieu de* ne s'intéresse, *lisez* ne s'adresse....

— 126, — 26, *au lieu de* confond, *lisez* anéantit....

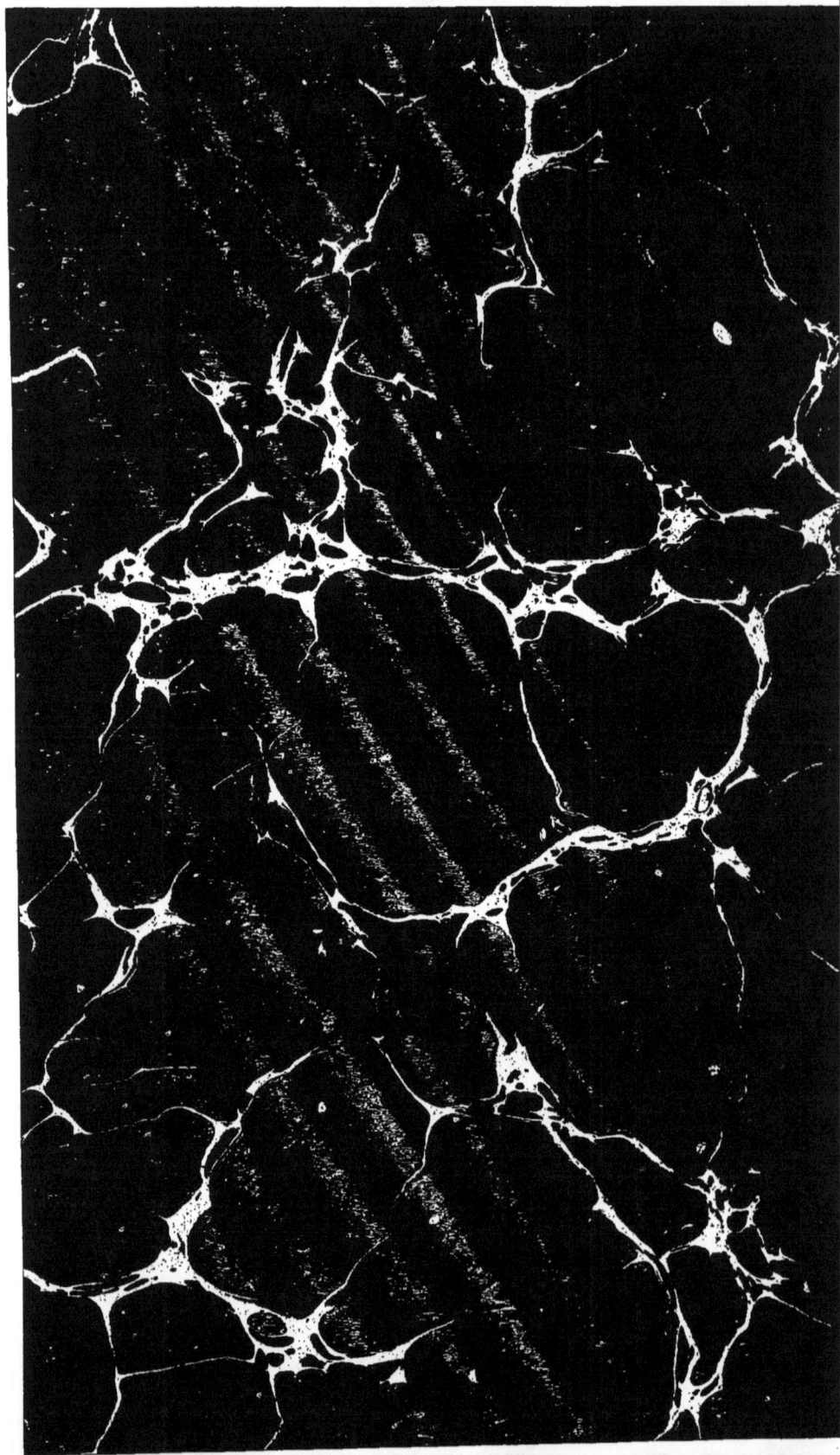

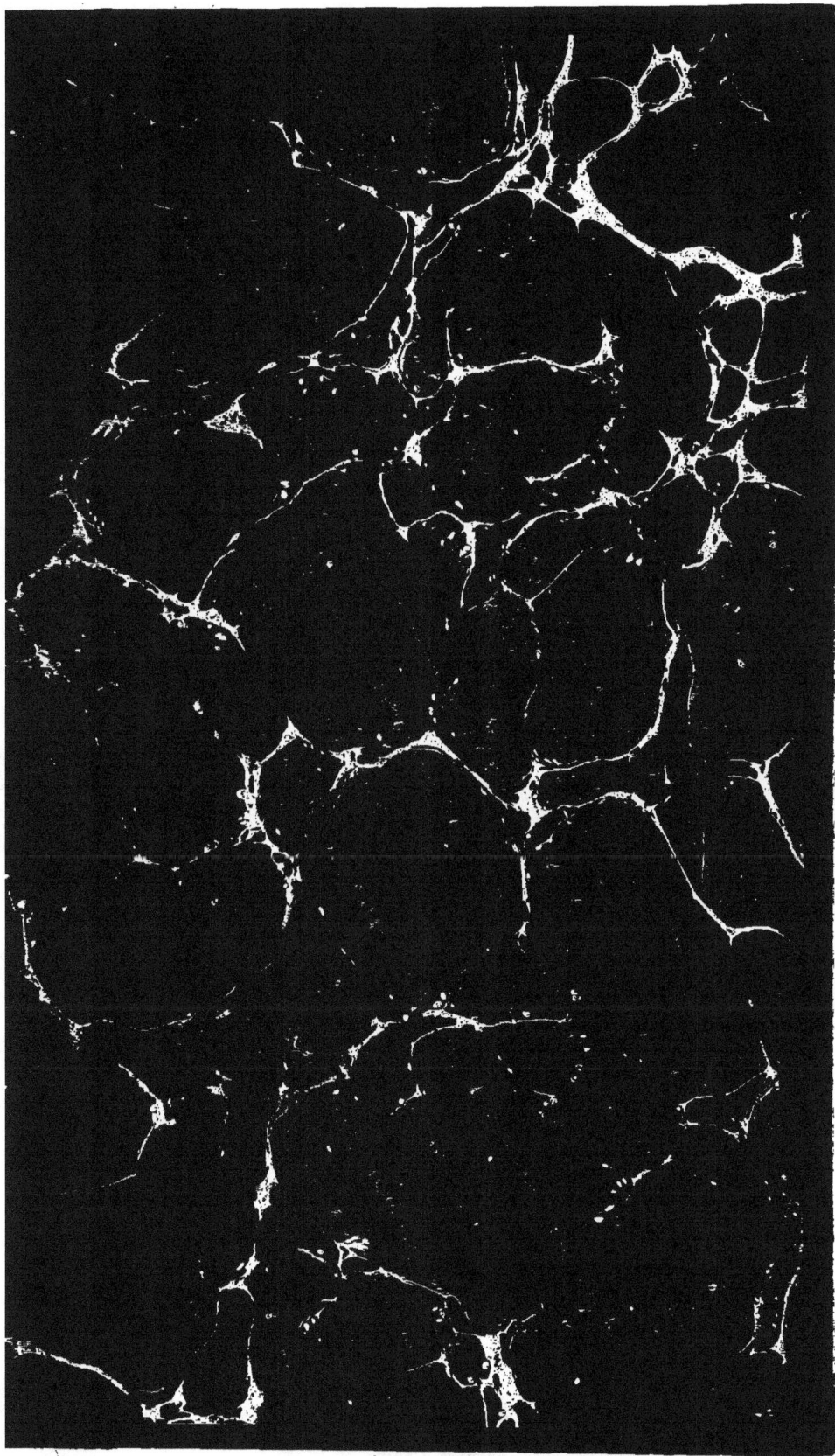